U0287854

《自然辩证法通讯》

精选文丛

胡志强 丛书主编

当代生物学中的
哲学问题

胡志强 本册主编

商务印书馆
创于1897　The Commercial Press

图书在版编目（CIP）数据

当代生物学中的哲学问题 / 胡志强主编 . -- 北京：商务印书馆，2024. -- （《自然辩证法通讯》精选文丛 / 胡志强主编）. -- ISBN 978-7-100-24632-3

I. Q-0

中国国家版本馆 CIP 数据核字第 20240DG522 号

《自然辩证法通讯》精选文丛

胡志强　丛书主编

当代生物学中的哲学问题

胡志强　本册主编

商 务 印 书 馆 出 版
（北京王府井大街 36 号　邮政编码 100710）
商 务 印 书 馆 发 行
北京市十月印刷有限公司印刷
ISBN 978 - 7 - 100 - 24632 - 3

2024 年 11 月第 1 版　　　开本 710 × 1000　1/16
2024 年 11 月北京第 1 次印刷　　印张 13¾
定价：76.00 元

编者序

胡志强

近几十年来，生物学是发展最快的学科之一。生物学的分支如进化生物学、分子生物学、发育生物学、系统生物学都出现了新的理论演进，这些分支之间也呈现出交叉融合的局面。与此同时，生物学哲学也是分支科学哲学中得到最多关注的领域之一。对生物学哲学的探讨，不但深化了对一般科学哲学的各种问题的理解，而且影响到一些更基本的哲学观念。更重要的是，对生物学中基本和关键概念的哲学分析，也为生物学本身的发展提供了思想启发。

《当代生物学中的哲学问题》是近十年间《自然辩证法通讯》杂志发表的生物学哲学论文的集萃，集中反映了我国科学哲学家在生物学哲学领域的研究状况。全书按照四个专题进行安排。"如何认识基因？"专题的三篇文章，探讨了基因的本质特征，回应了目前在科学家和公众中十分流行的基因决定论。"生物学中的系统革命"专题的四篇文章，分析了系统生物学的方法论基础，探讨了复杂系统科学的方法论对系统生物学研究可能造成的影响。"进化和遗传"专题的四篇文章，探讨了获得性遗传、自然选择中的个体概念、进化生物学与目的论、经典遗传学与分子遗传学之间的关系等话题。"生物学中的定律与解释"专题的五篇文章，探讨了生物学中解释的特征、生物学是否有定律、"生物共生"、自然类的本体论地位等。

从这些文章中可以看出，生物学哲学所探讨的问题广泛而深刻，与生物学本身的发展有紧密的联系。应该承认，生物学哲学的研究在我国起步较晚，尚未得到我国生物学家和科学哲学家群体的足够关注。将这些文章结集出版，其目的是集中展示和传播我国学者在这一领域已有的研究成果，唤起更多人特别是年轻一代学者对生物学哲学的兴趣。

目　录

专题1：如何认识基因？

基因选择的本质

陈勃杭　王　巍　范　雪

一、引言

　　自然选择发生在基因、个体还是群体层次，抑或在各个层次都有发生？这个疑难在生物学哲学界被称为"自然选择单位问题"，自达尔文提出进化论之后已经讨论了150多年。英国著名进化生物学家道金斯（Richard Dawkins）是基因选择论的主要支持者。基因选择论认为：自然选择最终发生在基因层次。但是，道金斯的真实意思一直让人捉摸不透。在1976年初版的畅销书《自私的基因》中，他似乎热烈地支持将基因作为自然选择的单位，甚至是唯一合适的单位，而所谓个体和群体只是基因实现生存和繁殖目的的手段。[1] 可是在1982年的专著《延伸的表现型》中，道金斯的观点却又变得暧昧起来。他的总体观点主要出现在第一章"内克尔立方体和水牛"（Necker Cubes and Buffaloes）。[2]

　　所谓"内克尔立方体"强调，即使同一幅图像，当从不同的角度观察时也会在视觉中呈现出不同的透视关系，这些不同的透视关系对于视觉来说并

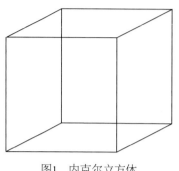

图1　内克尔立方体

没有优劣之分。同理，道金斯认为，"对如何看待生命的问题，从基因（道金斯使用的词是'复制子'）的角度看至少和传统的个体角度一样好"。[2]可能正因为道金斯表达了这层意思，不少研究者认为道金斯已经承认了，从基因的角度或是从个体的角度，实际上只是一个视角问题，并无优劣之分。[3]

可是笔者认为，道金斯对"内克尔立方体"的说明具有很强的误导性，模糊了他的真实意图。其实这只是道金斯一种谦虚的表达，或者他自己并未意识到其中的矛盾之处。道金斯在文本中表现得非常暧昧，不时谦虚地说"我提出的看待生命的视角，并不一定比传统观点更准确"，[2]但是他紧接着表示，"至少在某些方面，它提供的理解更加深刻"。[2]他的实际意思在第一章的其他部分。第一章开头已经表述得非常明白："我提出的是一种观点，一种看待熟悉事实和思想并提出新问题的新观点"。[2]

道金斯并未明确表达的，正是笔者所谓"基因还原主义"的研究纲领。这个纲领可能并不新奇，绝大多数分子生物学家都会同意，只是并未得到清晰的表达。简单来说，即按照中心法则的要求，所有的性状都可以找到体内对应的基因。在此基础上，基因选择论者便可以大胆地提出基因选择的核心观点：尽管自然选择表面上可能作用于某些高层次性状，但是最终选择的都是背后可以对性状进行部分控制的基因。

第二节将介绍基因选择论的反对者维姆塞特（William Wimsatt）对基因还原主义的探讨，第三节借助基因还原主义指出基因选择论的本质，第四节将以此本质为基础，指出基因选择论真正面临的困难。

二、维姆塞特与基因还原主义

维姆塞特在1980年的一篇长文中对基因选择论的缘起做了一番考究，他认为这和生物学中还原主义取向的分子生物学的兴起有关：

> （基因选择论的观点）很自然地会从还原主义视角进行观察，这种还原主义和近来分子生物学以及种群遗传学的发展有关。遗传学的历史发展显示其研究单位越来越小，这促成了关于基因复制和表达方式的更多发现，似乎也在保证能够对发育问题做分子层次的描述以及解释诸多表现型中的性状如何产生。在某些情况下（最有名的例子是镰状细胞贫血），通过多层次地考察DNA分子结构微小改变的后果来解释对这个微小改变的选择为什么发生，（这种研究方法）将有助于'基因操纵表现型'观点的形成。基因（群）明显和表现型的诞生呈现因果关系，至少我们明白，大致上它们总是因果相关的。[4]

维姆塞特指出，这种将基因看作结构、功能、重组突变最小单位的还原主义研究思路起源于1880年，并且这种思路具有诱人前景：第一，提供了一套通用的语词（基因）来描述千差万别的生物世界；第二，从底层到高层，研究相对简单。但是，维姆塞特认为还原主义视角在"自然选择的单位"上基本是失效的。他说：

> 一个有机体性状总是处在和该有机体其他性状相互作用的过程之中，也受到该有机体所处家庭、亲族、同一物种和不同物种的相互作用。
> 正是凭借（基因间）相互作用，高层次的选择单位才得以存在。在讨论选择单位问题时忽视这些相互作用是十分危险的。[4]

可是维姆塞特的批评是无效的，因为强调基因是自然选择最终单位的还原主义视角绝对不会忽略基因间的相互作用，实际上他们要做的是找出和某个被选择的性状相关的基因（群），并指出这个（些）才是选择的最终单位。尽管维姆塞特的批评失之偏颇，但是他指出了基因选择论本质上和还原主义密切相关。下一节将继续讨论这一点。

三、基因选择：自然选择加基因还原主义

基因选择没有任何神秘之处，它只是自然选择在基因层次的运用。根据强大的中心法则，一个基因层次的整全描述将包含更高层次的信息。基因选择由两部分组成：

自然选择：在某个层次上存在实体A、a，能够通过繁殖产生相似后代，其中A的生存和繁殖能力高于a，因此A将易于生存而a可能被淘汰。

基因还原主义：通过中心法则和分子生物学研究方法，将任何高于基因层次的被选择性状都和某些基因相联系，断定基因不可逆地产生了这些性状。

因此，基因选择＝自然选择＋基因还原主义：假设存在A、a两个高层次实体（高于基因层次），A在自然选择中占据优势，因为它拥有性状T（a拥有t）。我们发现，性状T在基因（群）G影响下形成，而t在基因（群）g影响下形成，因此，基因选择断定，此时自然选择过程为基因（群）G战胜基因（群）g。

理解基因选择有几个要点：

（1）基因还原主义举例

现今分子生物学中广泛运用的"基因敲除"（gene knocking-out）技术可以对此做一说明。假设在某个生物体A上存在（可能还没有表达的）性状T，其内部基因组中存在基因G，如果采取"基因敲除"技术将基因G移出基因组，然后发现生物体A或A的后代丧失了性状T，那么我们可以断言基因G在特定的外界环境中作为原因影响了性状T的形成。

（2）基因选择绝不否认高层次选择的可能性

基因选择绝不否认高层次选择的存在。判断个例中选择在某个层次上是否真实存在，必须依靠（进化）生物学家的努力。就现在的情况来看，使用

"陆文顿条件"（Lewontin conditions）[1][5]进行判断，可能是最好的方法。

（3）基因层次的解释比高层次更基本、更有说服力

索伯（Elliot Sober）、劳埃德（Elisabeth Lloyd）宣称，在某些状况下高层次的解释更有说服力并且信息更多。[6][7]但按照上面所举的例子，基因群G、g的表达将分别形成性状T、t的事实我们都已经了解，在这个基础上，基因选择将能够解释个体层次的选择。这可以联系笔者对索伯−劳埃德论证的反驳：当我们了解了基因如何产生蛋白并影响生物体的性状后，我们将能够用基因选择解释高层次选择。基因层次的信息（G和g）不仅包括高层次信息（这里指性状T和t），还包括基因层次的基因表达、调控等。因此一个总的基因选择研究过程，一般是首先确认高层次选择的存在和选择的相关性状；其次发现这些性状背后的基因（群）；最后断定该自然选择最终发生在基因层次。

（4）基因选择的成败关键在于基因还原主义

道金斯在《延伸的表现型》中建议使用"控制行为X的基因更为自然选择所青睐"的说法来代替"拥有行为X的个体具有更高适应度"的说法，而这种说法似乎让很多生物学家不满。部分生物学哲学家已经开始讨论生物学还原主义的问题并指出还原主义面临很多困难，因此判断基因选择是否成立，必须把关注点转向生物学还原主义。[2]这一点将在第四节中简单讨论。

（5）基因选择：道金斯的过分拔高和反对者的过分贬低

道金斯的基因选择是一个被夸大的版本，在某些时候他夸张的论述让人误以为基因是一个具有自主智能的实体，能够操控高层次实体来实现自己的生存和繁殖。实际上他的信心来自于基因还原主义。基因选择的核心是基因还原主义。只有基因还原主义能够成立，基因选择才能成立。而众多反对者则过于贬低基因选择——他们认为基因层次的信息不如高层次信息丰富。实

1　"陆文顿条件"包括"实体的某些性状间存在差异""这些性状可以通过繁殖遗传""这些性状（正相关的）影响了实体的繁殖"。

2　这里没有建议"自然选择的单位"问题转向生物学还原主义，因为在特定情形下个体选择、群体选择是否存在仍然是很重要的生物学经验问题。

际上基因层次信息在原则上能够包含他们所言的高层次描述的所有信息，在此基础上，基因选择试图依靠中心法则和分子遗传学研究，为高层次选择的实体找到基因层次的对应物，将自然选择推进到基因层次。到了这里，基因选择论可能令人觉得索然无味，它所谓的新奇之处，原来只是想在承认高层次选择的基础之上将自然选择推进到基因层次而已。于是，分子生物学家可能对此不会有任何兴趣，因为基因还原主义几乎是他们共同承认的预设。而进化生物学家估计也兴趣不大，因为这并没有影响到他们的工作。这个纲领要求知道高层次的自然选择过程，而这正是他们的本职工作。

四、基因选择的真正困难：本体论疑难

基因选择的实质是自然选择加上基因还原主义。如果反对者反对基因选择，则必须从质疑自然选择或者基因还原主义入手。但是，自然选择是进化论的核心部分，无可置疑。所以我们只能把质疑的目光放在基因还原主义上。限于篇幅，本文仅简单介绍学界对基因还原主义的批评。

布里根特（Ingo Brigandt）和洛夫（Alan Love）认为，当今生物学认识论还原主义[1]分为两类，其一为"理论还原"（theory reduction），其二为"说明还原"（explanatory reduction）。其中"理论还原"要求对低层次理论的逻辑推导可以得出高层次理论；"说明还原"要求对低层次实体特征的表征能够说明对高层次实体特征的表征。[9]布里根特和洛夫认为现今对生物学认识论还原主义主要有三个批评，下面列举和本文相关的两个：

一对多：分子特征的背景相关性（Context Dependence of Molecular Features）

简单来说，这个批评强调某个分子机制可能是很多高层次特征的一部分，

1　其实"生物学还原主义"内涵丰富，内部还有"本体论还原"（ontological reductionism）、"认识论还原"（epistemic reductionism）和"方法论还原"（methodological reductionism）之分。"本体论还原"主张任何一个生物系统本质上只是一些分子和分子之间的相互作用而已，这一点现在基本已没有争论。"方法论还原"认为研究生物系统最有成效的方法是研究最近的生物层次，实验研究应该致力于分子层次和生物化学层次的原因。

用在基因选择的例子里，即表示除性状T之外，一个基因A可能和其他多个性状的实现相关。这在生物学中已经完全得到证明。

多对一：高层次特征的多途径实现（Multiple Realization of Higher Level Features）

这个批评强调，一个高层次特征可能和多个分子机制相关。依然用基因选择的例子，除基因A外，其他多个基因和性状T具有因果相关性。可是即使到这里，基因选择的支持者可能依然有办法回应：是的，我接受你们的批评，你们对个体、群体重要性的强调，你们对于"基因环境"复杂性的强调，我都赞成，我也赞成任何个体、群体特征都涉及几乎无数多种基因。但是，从原则上说，只要我们将所有这些基因都挖掘出来，只要我们将所有"基因环境"都阐释清楚，那么我们仍然可以在基因层次对自然选择做出最根本的描述——这个描述包含了高层次描述的所有信息。道金斯已提到，根据这个思路，可能提出一个批评（基因选择的批评者们都忽略了这一重要批评）：既然自然选择隔离"基因"和"基因环境"，那为什么不隔离"脱氧核苷酸"和"脱氧核苷酸环境"，将还原主义进行到底，断定自然选择实际选择的是处于特定"脱氧核苷酸环境"的"脱氧核苷酸"呢？道金斯的回应可以部分解决这个问题：[1] 单个的核苷酸和高层次表型没有联系，而单个的基因却能够表达、翻译并参与形成性状。[10] 基因选择论者的这一回应被很多相关讨论者视为"不重要的"（trivial），但它实际上极难反驳。我认为极难反驳的原因在于"本体论还原"：生物世界没有任何神秘的作用力，只存在包括基因在内的生物大分子以及它们的相互作用。正是在这一基础上，基因选择论者才敢大胆断言：虽然还原主义在认识论和方法论上都困难重重，但是基因层次的描述，原则上可以表征所有高层次信息。只是在发现基因层次信息的

1　道金斯的回应必然要求基因在不同"基因环境"下的表达具有一定的"不变性"，比如基因A在基因环境G和G'中指导同一个蛋白的形成，都参与某个性状T的形成。但联系对"认识论还原主义"的批评（一对多，即一个基因可能参与了许多性状的形成），这一点在现在已经高度复杂化的分子生物学研究中是成问题的。

过程中，我们可能会先发现更多的高层次信息，然后将它们"赋予"基因层次，并在本体论上认为基因层次的信息包含了这些高层次信息。[1]因此，如果要突破基因选择，我们必须从本体论问题着手。这里我们自然不会回到"活力论"的年代，我们不会质疑"生物世界只由物质实体组成"的结论。尽管对于"本体论还原"做出的整体结论没有怀疑，但是在本体论上，"基因"的概念（基因是什么？）和"中心法则"（中心法则是否有效？）都已经开始受到挑战。

首先，在分子层次的基因表达中，许多蛋白也广泛参与调控，这使人们对于能否简单地以强调"信息从基因向蛋白单向流动"的"中心法则"来理解分子生命现象发出疑问。而对于"基因"概念的讨论，现在已经是生物学哲学中的热点问题。夏皮罗（James Shapiro）在2009年的一篇文章里说：

> 我们再也不能将基因定义为基因组中的一个组成单位，或者将一个基因（表达）产物作为对基因组某个区位独特的表达结果。基因组上的每一个片段都具有丰富多样的组成部分，并且总是在编码、表达、复制和遗传的过程中以直接或间接的方式和其他片段相互作用。[11]

夏皮罗反对基因概念的传统定义，强调某个性状表达背后涉及的分子机制的高度复杂性使这个定义已经不再适用。而莱因伯格（Hans-Jörg Rheinberger）和马勒-威尔（Staffan Müller-Wille）在为《斯坦福哲学百科全书》撰写的"基因"词条中，认为"（性状）背后的基因"（gene-for）这种说法在近年的分子生物学成就下可能站不住脚："对于很多发育基因的研究表明，整个基因

---

1 索伯和劳埃德可能会批评，这些基因层次的信息部分来自高层次信息，不属于基因层次。可是这个批评不符合生物学研究的实际。生物学研究中的一个例子是，现在很多基因的命名都和它们在个体层次所表达的性状或者所行使的功能相关，在这种情况下我们会认为我们只是通过高层次信息"发现"了基因层次的信息（认识论层面）。而基因层次的信息将包含这些所谓高层次信息（本体论层面）。例如，现已知SRY（Sex determination Region Y）是一个性别决定基因，性别决定属于高层次信息，但是当我们在基因组中发现SRY时，我们会默认已经知道了SRY的性别决定功能。

组似乎作为一个动态的、模块化的、稳定的整体行使功能"。[12]如果对基因的这两个质疑能够成立，我们很可能难以为某个性状找到相应的基因！这将严重损害作为基因选择组成部分之一的基因还原主义——更高层次的性状能够还原到基因层次。

这下我们已经来到基因选择最薄弱的地方，如果传统的"基因"概念——基因是基因组的一个组成单位并控制部分性状表达——以及中心法则在本体论上遭到颠覆，基因选择将彻底失败。不过我们可以看见，即使进入21世纪之后，支持基因选择的主要生物学家道金斯和梅纳德-史密斯仍对"中心法则"信心满满，[13][14]道金斯还打赌说"中心法则以后也绝不会失败"。[13]因此，对于"基因选择"问题的哲学争论最终会变成一个生物学的经验问题，由实际的分子生物学研究来判断传统的"基因"概念和"中心法则"是否适用。

参考文献

[1] Dawkins, R. *The Selfish Gene* [M]. 30th anniversary edition. Oxford: Oxford University Press, 2006.

[2] Dawkins, R. *The Extended Phenotype* [M]. Revised edition.Oxford: Oxford University Press, 1999, 1−8.

[3] Okasha, S. *Evolution and The Levels of Selection* [M]. New York: Oxford University Press, 2006, 145−146.

[4] Wimsatt, W. C. 'The Units of Selection and The Structure of The Multi-level Genome' [A]. WHO ED THIS PS *Proceedings of the Biennial Meeting of the Philosophy of Science Association* [C]. Chicago: The University of Chicago Press, 1980, 122−183.

[5] Lewontin, R. C. 'The Units of Selection' [J]. *Annual Review of Ecology and Systematics*, 1970, 1: 1−18.

[6] Sober, E. Lewontin, R. C. 'Artifact, Cause and Genic Selection' [J]. *Philosophy of Science*, 1982, 49: 157−180.

[7] Lloyd, E. A. 'Why the Gene Will Not Return' [J]. *Philosophy of Science*, 2005, 72 (2): 287−310.

[8] 陈勃杭、王巍. 追问"基因选择" [J]. 哲学分析，2013（2）：147−154.

[9] Brigandt, I. 'Love, A., Reductionism in Biology' [E].*Stanford Encyclopedia of Philosophy*, 2014.

[10] Dawkins, R. *The Extended Phenotype* [M]. Revised edition. Oxford: Oxford University Press,1999, 91.

[11] Shapiro, J. A. 'Revisiting the Central Dogma in the 21st Century' [J]. *Annals of the New York Academy of Sciences*, 2009, 1178 (1): 6−28.

[12] Rheinberger, Hans-Jörg. Müller-Wille, S. 'Gene' [E]. *Stanford Encyclopedia of Philosophy*, 2012, PAGE?

[13] Dawkins, R. 'Extended Phenotype-But Not Too Extended: A Reply to Laland, Turner and Jablonka' [J]. *Biology and Philosophy*, 2004, 19 (3): 377−396.

[14] Maynard-Smith, J. 'Reconciling Marx and Darwin' [J]. *Evolution*, 2001, 55 (7): 1496−1498.

人类基因编辑与基因本质主义

——以 CRISPR 技术在人类胚胎中的应用为例

陆俏颖

2018年11月26日，"人民网"报道，中国南方科技大学科学家贺建奎宣布，一对经过基因编辑的女婴诞生了，她们的CCR5基因经由CRISPR/Cas9技术改造，出生后便能天然抵抗艾滋病。若情况属实，这将是世界首例免疫艾滋病的基因编辑婴儿。时隔两日，贺建奎在"第二届国际人类基因组编辑峰会"次日会议上报告了实验的相关技术细节。事件发生后，一石激起千层浪，从基因编辑的同行到科普作家、各类科学共同体机构乃至相关政府部门，都在第一时间表达了谴责，政府随即下令对事件展开调查。短短几日之内，人人都开始谈论基因编辑婴儿的是与非。

我们知道，真核生物的基因组包含了数以亿计的DNA碱基对，这些DNA序列作为遗传因子影响甚至决定了生物个体的发育。"基因"（gene）一词最初由遗传学家约翰逊（Wilhelm Johannsen）于1911年提出，指称的是孟德尔式的遗传单位。1953年，DNA分子结构的发现拉开了分子遗传学的帷幕。自此，分子生物学家一直在积极探索人工修改基因的手段，即所谓的基因编辑技术。自2012年以来，CRISPR技术的发展为基因编辑注入了一剂猛药。对于无药可医的先天性遗传病，CRIPSR 技术被认为是最具前景的治疗手段，而贺建奎打开了人类胎儿基因编辑这一禁区的大门。本文前半部分将介绍 CRISPR 的发展历史，以及贺建奎实验对该技术的应用。

　　纵观贺建奎事件的舆论反应，除了对实际风险以及伦理和政策监管方面的担忧，还透露出人们对人类基因编辑未知风险的恐慌。本文认为，这种恐慌部分受到了基因本质主义认知偏向的影响。诸如"潘多拉的盒子""魔鬼的诅咒"等说法表明，人们似乎倾向于认为，改变基因相当于从本质上改变了一切。那么，基于基因本质主义偏向的恐慌是否理性呢？本文后半部分将从认知倾向的角度探讨基因本质主义在贺建奎事件中的表现，并试图澄清其中被过度诠释的部分。

一、CRISPR——从免疫武器到技术工具

　　早在20世纪80年代，生物学家便能在哺乳动物活体细胞中注入外来的基因片段，并在限制性内切酶[1]的帮助下，将片段整合到宿主细胞的基因中。但由于各种限制，此技术的成功率非常之低。到了20世纪90年代，生物学家发现了一类由锌指DNA结合域和非特异性内切酶的切割域融合而成的人工复合体——锌指蛋白核酸酶（ZFPN）。对于DNA结合域的改造可以使ZFPN定向结合到不同的目标基因位点，从而进行基因的特异性切割。这之后发展起来的TALEN技术，原理类似，但功能更加强大。当科学家还在完善TALEN时，CRISPR/Cas技术以其操作简便、快速、费用低的特点，一跃成为基因编辑技术的"新宠"。

　　说起CRISPR的历史，最早要回溯到1987年，微生物学家首次在大肠杆菌（*Escherichia coli*）的基因组上发现了一长串具有个性的序列。此后十几年间，各国科学家陆续在几种细菌中发现了具有类似特征的基因序列。到20世纪初，

1　限制性内切酶（restriction endonuclease）属于内切酶的一种。内切酶是一类核酸水解酶，能够水解DNA分子中间的磷酸二酯键，从而切割双链DNA。限制性则指能够在特定位点或其附近切割DNA序列。

随着基因组测序技术和生物信息学的成熟，生物学家惊奇地发现，类似序列在许多原核生物中反复出现。此类序列在2002年被正式命名为"CRISPR序列"[1]，即"Clustered Regularly Interspaced Short Palindromic Repeats"的缩写，译为"成簇规律间隔短回文重复序列"。此时，科学家还无法确定这些序列的进化来源和具体功能。

一段典型的CRISPR如图1所示，其中黑色菱形代表了由几十个碱基构成的重复序列，在这些重复序列之间间隔着无规律的非重复序列，称为间隔区。在前导区的上游，连接着多个用来表达与CRISPR相关的蛋白或内切酶的基因序列，被称为Cas（CRISPR associated）基因。因此，CRISPR也被称为CRISPR/Cas系统。

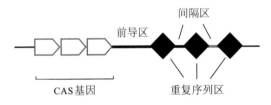

图1　典型的CRISPR结构图

关于CRISPR的功能，第一个实质性线索出现于2005年。三个不同的研究团队几乎同时发现，某些间隔序列居然和许多已知噬菌体的基因序列高度一致。与复杂生物一样，细菌也需要预防病毒的入侵，这些病毒被称为噬菌体。也就是说，细菌在自己的基因组中留下了入侵病毒的DNA信息。这使生物学家们猜测，CRISPR也许是细菌强有力的免疫武器。2007年，科学家对嗜热链球菌（Streptococcus thermophilus）的研究证明，当新的噬菌体入侵细菌后，其基因能够被细菌整合到自己的CRISPR中，形成新的间隔区序列。2012年，以两位女科学家杜德纳（Jennifer Doudna）和卡彭蒂耶（Emmanuele Charpentier）为首的团队，终于摸清了CRISPR/Cas9系统的免疫机制。

简单来说，当噬菌体首次入侵时，细菌把噬菌体的部分DNA整合进了自己的CRISPR序列中；当同种噬菌体再次入侵时，细菌的CRISPR序列产物可以识别噬菌体DNA；并用Cas9蛋白的强大剪切功能剪断噬菌体的DNA。这便

达到了免疫病毒的目的。具体机制可分为三个步骤：[2]

1.外源DNA的俘获：当噬菌体首次入侵细菌时，由细菌Cas基因表达的Cas蛋白可以识别噬菌体的基因序列，并将其剪切下来；在其他相关因子的协助下，这些序列被插入细菌CRISPR前导区的下游，形成一段新的间隔序列（见图2）。

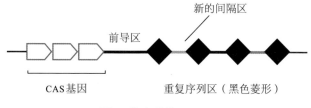

图2　整合后的CRISPR

2.成熟crRNA的合成：整合后的CRISPR可以生成两类RNA：由整个CRISPR序列转录而成的pre-crRNA，以及由重复序列转录而成的tracrRNA；这两种RNA和Cas9蛋白结合，可以把pre-crRNA切割成多个短crRNA，其中每个crRNA只包含单一种类的间隔序列所对应的RNA序列（见图3）。

图3　crRNA的合成

3.CRISPR的靶向干扰：当噬菌体再次入侵细菌时，Cas9/tracrRNA/crRNA复合体会扫描整个噬菌体基因，识别出与复合体中crRNA互补的基因序列；Cas9蛋白会切断这个基因序列，噬菌体的基因表达被抑制。

同样在2012年的研究中，杜德纳和卡彭蒂耶团队试图人工改造CRISPR/Cas系统，她们将tracrRNA和crRNA改造成单条向导RNA（sgRNA）；通过人工编辑sgRNA，可以让Cas9蛋白切割任意的DNA位点。后续研究证明，这种技术可以高效地应用于人类细胞，进行基因组的定位、剪切和修改。这便开启了CRISPR从免疫机制到技术工具的转变。

基于CRISPR/Cas9的基因编辑技术原理如图4所示。首先，针对目标基因设计一条sgRNA，并与含有Cas9基因的质粒一起导入宿主细胞中，形成Cas9/sgRNA复合体（功能类似于Cas9/tracrRNA/crRNA复合体）；接着，该复合体识别出宿主DNA中的互补片段，Cas9蛋白剪切目标位点，使宿主DNA双链断裂；最后，宿主细胞自身的DNA损伤修复机制把断裂部位重新连接起来，形成与原DNA双链不同的基因序列。若是在细胞中引入特定的供体DNA片段，修复机制便会将它们插入断裂位点中，以实现基因的替换。

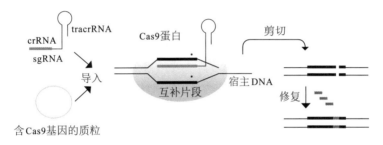

图4　基于CRISPR/Cas9的基因编辑原理

CRISPR技术主要有三方面的优势。第一，sgRNA的人工设计远比ZFPN和TALEN的制备要简便；第二，实验已经证明，CRISPR的靶向定位效率要远高于另外两种技术，这意味着更高的精准度。第三，生物学家仍在不断改进CRISPR技术[3]。例如种类越来越多的Cas9蛋白被发现，对它们的改造使CRISPR的靶向范围不断扩大。然而，作为细菌的免疫武器，为了应对噬菌体高频率的基因突变，原始CRISPR还会靶向与目标噬菌体序列相似的片段。这导致CRISPR在被用于基因编辑时，会同时剪切与目标序列相似的位点，造成非目标序列的修改，即脱靶问题。如何降低脱靶效应，是目前CRISPR技术需要攻克的主要难题之一。

二、贺建奎事件——首例人类基因编辑婴儿实验

CRISPR技术的迅猛发展促使多国科学家在2015年底成立了"人类基因

编辑：科学、医学和伦理委员会"，探讨基因编辑的科学、伦理和监管问题。该委员会经过长达14个月的讨论，初步发布了会议报告。[4]

报告指出，基因编辑在医学领域的应用分为三大类：一是微观层面（如细胞、分子、基因表达与调控）的基础研究，一般使用体外培养的细胞或组织，不涉及人类个体，因此不涉及伦理和监管问题；二是体细胞干预，即对人类受试者的临床研究，由于此类研究仅仅干预病人的体细胞，不影响其后代，所以重点在于权衡病人所受到的风险和收益；第三是生殖系细胞干预，此类应用不仅会影响受试者自身，还可能把干预后的基因传递给后代。报告虽然没有严令禁止第三类研究，但要求仔细权衡风险和收益，并在严格的监管下开展实验。贺建奎团队的实验就属于第三类，因此引起了各方的强烈反应。

根据贺建奎在"第二届国际人类基因组编辑峰会"上的发言，他针对的疾病是目前人类致力于攻克的艾滋病。研究者早已发现，欧洲某些国家有10%的人群在感染艾滋病病毒（人类免疫缺陷病毒，HIV）后病情可控，无须治疗。机制之一是，这些人的CCR5基因上有32位的缺失，记为CCR5Δ32。[5] CCR5蛋白参与和协助了HIV进入细胞的过程。若是某人携带有两个CCR5Δ32基因，CCR5蛋白无法正常表达，HIV进入细胞的途径被切断，就很难造成感染。贺建奎团队的目的是，通过CRISPR/Cas9技术对人类胚胎进行基因改造，破坏两个正常的CCR5基因，从而实现人类天生免疫艾滋病的目的。

团队召集了7对由HIV阳性父亲和HIV阴性母亲组成的夫妇。研究人员先清洗了父亲的精子以确保不携带HIV，然后将精子和CRISPR/Cas9注射到母亲未受精的卵子中。人工授精产生了19个可行的受精胚胎，从中选取出携带有被改造的CCR5基因的胚胎，移植到母亲体内，产下了双胞胎女婴露露和娜娜。其中，露露的两个CCR5基因均突变成功，娜娜则只突变成功了一个。据贺建奎所述，露露和娜娜出生时的体征正常且健康。

如果仅从理论上来说，就CRISPR/Cas9人类胚胎基因编辑技术而言，贺建奎的研究思路是可辩护的；对于露露的编辑算是成功的，对于娜娜的编辑虽然并不成功，但是也有很高的对比价值。这也是贺建奎在会议上如此硬气的原因。但是从实际操作上来说，贺建奎的实验有诸多严重欠考虑的地方。舆论对他的谴责主要有以下几个方面：

从收益上来说，双胞胎女婴的母亲并不携带HIV，目前的人工受精技术完全可以有效避免婴儿感染父亲的HIV。因此，对这对女婴进行基因编辑以免疫HIV是没有必要的。从风险上来说，目前尚不能确保CCR5基因没有其他功能，女婴CCR5基因的正常功能可能会被破坏，从而影响她们的健康；另外，CRISPR/Cas9的脱靶风险始终存在，可能导致未被预料的可遗传疾病。从实验结果看，要验证先天预防人类艾滋病是否成功，只能通过病毒侵染实验，但是我们绝不可能容许对女婴做病毒侵染实验。因此实验的结论并不确切。早在贺建奎事件发生之前，国内外对人类基因编辑的伦理和监管问题已有诸多讨论[6、7]，本文不再赘述。

三、生物本质主义的现代版本——基因本质主义

对贺建奎实验，除了实际操作的顾虑，舆论还表达了对人类基因编辑技术本身的恐慌。贺建奎被称为不计后果的"科学怪人"，甚至有人说他打开了"潘多拉的魔盒"，将给人类带来难以预料的灾难。这里隐含着一种基因本质主义的认知倾向，即认为改变人类基因等于改变了人类本质。然而，可以预见的是，基因编辑技术对于人类未来的发展尤其是疾病的诊断和治疗是至关重要的。无论以何种方式，该技术终将走出实验室，走进现实。本文接下来将从大众生物学角度，分析基因本质主义的由来及其在人类基因编辑话题中的表现，并探讨此类认知倾向的未来走向。

大众生物学（Folk Biology）是关于人们对生物世界的分类和推理的认知研究。[8]一般认为，人们有着生物本质主义（biological essentialism）的认知特征，即倾向于认为，每种生物都具有本质，这个本质内在于个体，在个体的发育和繁殖过程中保持不变，并且可以解释个体的外在特征或行为。[9]例如，长颈鹿的本质内在于长颈鹿个体并且保持不变，它决定了正常的长颈鹿拥有

长脖子这个特征。需要注意的是，生物本质主义从属于心理本质主义，而非形而上学本质主义。形而上学本质主义者认为，事物具有本质；而心理本质主义只需承认，人们认为事物具有本质。心理学实验尤其是发展心理学实验结果表明，人们普遍具有本质化事物的认知倾向。[10]

　　然而，几乎所有的生物学家和生物哲学家都认同，根据现代生物学理论，生物并不具有传统意义上的本质。[11][12]那么接下来的问题是，经受了现代生物学基础教育的普通大众，是否依然具有某种生物本质主义倾向？人们所认为的生物本质有哪些特点？多个研究结果都指向了同一个答案：当下的人们具有"基因本质主义"倾向，即认为生物具有内在不变的、决定外部性状的本质——基因。

　　一个经典实验是关于鸟类歌声的实验。[13]受试者首先被要求阅读一篇关于某种鸟的歌声的短文，然后回答问题。不同组别的短文分别正反向描述了歌声的三个特征：歌声是否固定不变（正向描述例如：成熟雄鸟的歌声旋律取决于雄鸟幼时听到的歌声）；歌声是否具有物种典型性（反向描述例如：同一物种的不同雄鸟的歌声旋律不太相同）；歌声是否具有目的性（正向描述例如：雄鸟的歌声有助于吸引雌鸟）。然后让受试者回答，歌声是不是鸟的本性，歌声是否由鸟的DNA决定。多次实验的结果表明，当某个歌声旋律正向具有上述三个特征时，人们倾向于认为歌声是鸟的本质属性，并且这个本质被编码在鸟的DNA中。综上，人们倾向于认为，生物的本质在基因中，基因决定了生物的本质属性，生物的本质属性具有固定性、典型性和目的性。

　　这个结论与基因决定论十分吻合。基因决定论认为，生物的性状与行为等特征由其基因决定。这个观点于20世纪后半叶曾风靡一时，针对人种、智商、同性恋等议题均开展过基因遗传方面的研究，道金斯的名著《自私的基因》更使基因决定论深入人心。基因决定论的思想根植于对遗传的理解。遗传指亲代与子代有相似性状的现象，广义地说，性状还包括生物的行为、习惯乃至文化。遗传现象何以可能？一个自然的想法是，存在某种遗传物质。许多学者都假设了遗传物质的存在，古有希波克拉底的"种子"（seed），近有达尔文的"泛生子"（pangen）。20世纪初，当孟德尔定律被重新发现后，约翰逊区分了基因型和表现型，并用"基因"指称可遗传的、决定表型性状的物质。此后DNA分子结构的揭示无疑在微观层面锚定了基因，开启了分子生物学的辉煌时代，基因编辑的概念和尝试也应运而生。

至此，我们可以大致梳理出基因本质主义的由来。人们普遍具有的心理本质主义倾向，帮助和决定了人们关于事物分类和推理的思考方式。心理本质主义应用于生物界，便产生了生物本质主义的倾向，即认为某个物种具有一个内在不变的本质，这个本质在生物代系间稳定传递，并且可以解释个体性状的产生和遗传现象，被本质所决定的性状具有固定性、典型性和目的性。由于基因完美符合了这样的本质概念，人们顺理成章地认为，基因就是生物的本质，基因决定了生物个体的性状。具体到人类的本质，人们倾向于认为，人类具有共享的基因本质基础，某人的基因决定了其（某些）特征或行为。[14]

四、对基因本质主义的部分消解

依据大众生物学和其他心理学实验的结果来分析，基因本质主义主要有四个方面的具体表现[14][15]：不可变性或决定性、特定病因学、同质性或离散性、自然性。本文接下来将关注舆论对贺建奎实验的反应，从这四个方面来分析基因本质主义在此次事件中的体现，并探讨这些倾向是否存在过度反应的部分。

1. 不可变性或决定性（immutability/determinism）

不可变性指的是，如果人们认为某种疾病是由基因引起的，便会认为这个结果无法改变或被预先决定。这会使人们把发育的结果看得过于固定，而忽略了其他可能改变结果的途径。

贺建奎所针对的结果是HIV的易感性，所针对的基因是CCR5基因。在这里，不可变性或决定性倾向认为，只要破坏了CCR5基因，就能使人对HIV感染免疫。这正是贺建奎所声称的实验意义。然而事实上，CCR5基因并不是唯一的HIV共受体。在中国人中较为常见的HIV共受体反而是CXCR4蛋白，因此露露和娜娜的CCR5基因被破坏后并不能确保她们先天对HIV免疫。可见，贺建奎团队对于受试者的选择及其所声称的结论具有误导性，容易让大众过于神化编辑CCR5基因预防艾滋病的效果。

在贺建奎事件中，舆论的不可变性倾向认为，基因编辑意味着不可逆转的结果，使受试者未来的人生彻底改变而不再可控。由于目前尚未对艾滋病的发病机制及其所涉及的基因有全面了解，这种担忧在贺建奎事件中是合理的，但若是把它普遍化为对基因编辑技术本身的担忧，则未免过于极端了。假设未来生物学家有足够的证据证明，CCR5基因在人体中仅仅行使HIV共受体的功能，破坏CCR5基因不会损坏其他任何正常功能，那么对CCR5基因进行编辑的后果便是可控的。即便CCR5有另外的功能，若能摸清其中的机制，也能通过后期干预来弥补（疾病的后天治疗便是一个例子）。在这个意义上，基因编辑的结果并不是不可变的。

也许有人会反驳，即便基因编辑的结果可以改变或逆转，但是人体内的基因被改变了，对基因的干预和非基因的干预是不一样的。这便要说到基因本质主义的第二个表现——特定病因学。

2. 特定病因学（specific etiology）

特定病因学是指，人们倾向于把基因看作疾病的根本原因。我们往往会听到这样的言论："基因编辑技术是改变人类命运的终极手段"。这也是贺建奎事件引起如此巨大轰动的原因之一——基因编辑技术意味着对人类本质的终极改造。

特定病因学倾向根植于以基因为中心的生物学理论。早在古希腊时期，关于生物性状的发育就有先生说（Preformationism）与后成说（Epigenesis）之争。前者认为，生物个体的特征从孕育一开始已被"形式"（form）所预先决定，"形式"驱动和引导着发育的方向。后成说者如亚里士多德则认为，发育并不是被预先决定的，个体的结构和功能都是在发育过程中逐步形成的。整个20世纪，以基因为中心的现代生物学理论使先生说占据了上风。生物性状产生的原因被分成了内在的、决定性的原因——基因，和外在的、可变的原因——环境；发育的最终奥秘被认为在于其内部原因——基因。2000年"人类基因组计划"宣告初步完成，按照预期，解码基因就能解码生命本身。

然而，科学家很快就发现，揭示遗传密码本身还远远不够。要解码生命，还需要掌握遗传密码与其他分子相互作用，最终产生个体性状的方式。自21世纪初以来，由于发育偏向、表观遗传、表型可塑性和生态位构建等现象的广泛讨论，现代版本的后成说开始复兴。至少在生物学内部，特定病因学倾向已经开始转变：在疾病的研究中，基因不再是最为关键的研究对象，对基因的表达调控才是。2003年，学界开启了"人类表观基因组计划"。表观基因组指的是附着在基因组上的化学标记模式，这些标记决定了哪些基因会被激活以及激活的方式及时间。2016年，学界又发起了"人类细胞图谱计划"，试图建立一个描绘人体各种细胞类型的全目录。此时的基因更像一个认知锚点，科学家更为关注的是，改变某个或多个基因所带来的一系列的发育后果。

CRISPR技术在基因编辑中的应用也是如此。贺建奎在实验论证时，不仅需要考虑破坏CCR5基因的成功率，还要考虑sgRNA的设计、Cas9质粒导入细胞的时机和方式、CRISPR的脱靶问题、CCR5基因被破坏的后果，等等。也就是说，只有拥有了非基因层面的配套知识和技术手段，基因编辑技术才能被合理应用。这也间接说明，编辑基因只是改变众多发育因素的手段之一。在从基因到性状的发育过程中，任何一个环节被改造都可能改变最终的结果。所以，当舆论表示基因编辑技术是改变人类命运的终极手段时，"终极"的含义被扩大了。可以预见的是，生物学内部的反基因中心论趋势将会逐渐渗透到大众科普中，使大众更为客观地看待基因编辑技术的后果和未来。

3. 同质性或离散性（homogeneity/discreteness）

上述两个倾向的关注点在于个体层面，而舆论对贺建奎事件的反应还表达了群体层面的担忧。例如有人声称，在基因编辑婴儿诞生后，用基因编辑技术改良甚至创造超级人类已经不可避免。这似乎在说，基因编辑后的人类可能会脱离正常的人类群体，成为一个新的物种。这种声音反映了基因本质主义的第三个倾向——同质性或离散性，即人们倾向于关注人类成员所共享的本质，而忽略群体内部的个体差异。其结果是把人类基因看得过于同质化，甚至认为一旦某个个体的基因被改变，她便不再属于人类群体。

　　这个担忧就目前而言是反应过度了。基因编辑技术仍然处于攻克疾病的早期阶段，如贺建奎团队破坏 CCR5 基因是为了预防人类感染 HIV，而不是为了产生科幻作品中的超能力。这和新生儿疫苗注射政策的目的是一样的。基因编辑胚胎和新生儿疫苗注射的区别在于，前者在胎儿出生之前进行基因干预，后者在出生之后进行免疫系统反应的干预。如果我们承认基因只是发育结果的原因之一，而非决定性的原因，那么问题的关键便不在于干预的是否是基因，而是干预哪个因素更加具有实操性或风险更小。实际的情况是，编辑单个或少数基因并不会造就全新的人类物种。即便有创造超级人类的愿望，目前的基因编辑技术及其配套知识也还远远不够。

　　也许有人会反驳，干预基因和干预非基因因素会造成不同的后果：基因可以被遗传给后代，因此基因干预的影响是更为长远的。然而从遗传理论的发展趋势来说，基因遗传和非基因遗传的界限已经越来越模糊了。例如，表观遗传的研究发现[16]，拥有相同基因型的小鼠，皮毛的颜色呈现出从黄色到灰色的阶梯状变化，这是因为灰色基因位点的 DNA 甲基化程度（表观标记的类型之一）不同而造成的，而这个变化在小鼠中能持续传递许多代。也就是说，非基因因素也能够作为遗传物质决定表型的遗传现象，即干预非基因因素也会对遗传造成影响。因而，理论学家们正在积极探索一个更完整的遗传理论，以囊括非基因遗传的现象。[17]

4. 自然性（naturalness）

　　舆论担忧的另一点是，被编辑过的基因若是传递给后代，可能会污染人类的基因库。"污染"这个负面词汇的运用有两个预设前提，一是人类的基因库有其"自然的"变化规律，一旦被混入人工编辑的突变基因，就会变得"非自然"；二是"非自然"意味着负面后果。这反映了基因本质主义的另一个认知偏向——自然性。

在科学哲学中，关于"自然类"（natural kinds）的讨论与关于生物物种的形而上学本质主义相关。一般认为，若自然世界中的某个集合具有某个共享的本质，我们便会说，这个集合代表了一个自然类（例如水的本质是 H_2O）。说某个生物物种是自然的，意味着这个物种的集合对应于自然世界中的某一个结构或构成，而不是为了人类自身的兴趣而构建起来的。[18][19]需要注意的是，这些哲学议题并不会直接导出"自然的就是好的"这种价值判断。自然性的认知倾向则指向一种价值判断，即如果某个结果被认为是"自然的"，那么相比于非自然的结果，它是伦理上更能被接受的，亦或更"好"的，亦或更"对"的。[20]

在基因编辑技术之前，生命的进化过程被认为是一个"自然编辑"的过程。人类社会的技术知识尤其是医学的发展，使人工干预的程度越来越高，而基因编辑似乎意味着终极的"人工编辑"。然而，单纯从"自然"和"人工"的区别便导出前者更能被接受或更好，这是站不住脚的。因为基因突变的结果是随机产生的，其中大部分突变对人体无关紧要或者有害，只有对人体有利的基因才会通过自然选择作用在种群中扩散；人工编辑基因的目的在于定向改造和挑选那些对人体有利的基因，让那些在遗传上运气不好的人免受疾病的困苦，有机会得到更好的人生。如果这个技术在伦理和监管等其他方面能够被很好地论证，那么它当然是可以被接受的，即便它是"非自然的"。

五、结语

在贺建奎事件的人类基因编辑案例中，存在着多个方面的基因本质主义倾向：就人类个体而言，基因是疾病的决定性因素（特定病因学）；被编辑后的基因会导致不可逆的结果（不可变性或决定性）；就人类群体而言，基因编辑会改变人类的本质属性（同质性或离散性）；这是不自然的，因此也是难以被接受的（自然性）。

对于某些单基因疾病来说，基因本质主义的有些倾向是理性的。例如著名的"亨廷顿舞蹈症"，若是某人的4号染色体末端特定位点上拥有一定数量的-CAG-重复碱基对，在不做人工干预的情况下，便会在人生的特定阶段发病。在这里，基因信息不仅对疾病具有决定性作用，因此符合特定病因学倾向，而且对患者群体而言也是同质的。然而，上述情况更像是特例。单基因疾病在基因疾病中仅占2%左右；[21]绝大多数的基因疾病（例如肥胖症）都涉及多个基因，而且不同基因之间的相互作用以及基因表达调控的分子路径都极其复杂。这也极大增加了从基因型到表型的因果网络的复杂性。基因本质主义倾向对这些疾病的考虑并不是完全理性的。

历史上新技术（如转基因作物）的产生总会引起激烈的争论，由于人类基因编辑与人类本身的关系甚是密切，因此更加具有争议性。在这种情况下，人们无论持有多么谨慎的态度都是合理的。但是谨慎不同于对可能的后果进行过度解读。本文认为，我们需要对基因编辑技术的现状及其未来应用有客观的理解，避免基因本质主义认知偏向的过度影响，以至于放大对未知风险的恐惧。

参考文献

[1] Jansen, R., Embden, J. D. van, Gaastra, W., Schouls, L. M. 'Identification of Genes that Are Associated with DNA Repeats in Prokaryotes' [J]. *Molecular Microbiology*, 2002, 43(6), 1565−1575.

[2] Jinek, M., Chylinski, K., Fonfara, I., Hauer, M., Doudna, J. A., Charpentier, E. 'A Programmable Dual-RNA−Guided DNA Endonuclease in Adaptive Bacterial Immunity' [J]. *Science*, 2012, 337, 816−821.

[3] Adli, M. 'The CRISPR Tool Kit for Genome Editing and Beyond' [J]. *Nature Communications*, 2018, 9 (1), 1911.

[4] 邱仁宗. '人类基因编辑：科学，伦理学和治理' [J]. 医学与哲学：A，2017，38(5)，91−93.

[5] Novembre, J., Galvani, A. P., Slatkin, M. 'The Geographic Spread of the CCR5Δ32 HIV-Resistance Allele' [J]. *PLoS Biology*, 2005, 3(11), e339.

[6] 李建会、张鑫. '胚胎基因设计的伦理问题研究' [J]. 医学与哲学：A，2016，37(7)，8−13.

[7] Hildt, E. 'Risks in Genetic Engineering: the Case of Human Germline Gene Editing' [J]. 自然辩证法通

讯, 2016, 38(6), 1-6.

[8] Atran, S. 'Folk Biology' [A], Medin, D. L., Atran, S.(Eds.) *Folkbiology* [C]. Cambridge: MIT Press. 1999, 316.

[9] Gelman, S. A., Hirschfeld, L. A. 'How Biological is Essentialism' [A]. Medin, D. L., Atran, S.(Eds.) *Folkbiology* [C]. Cambridge: MIT Press. 1999, 403-446.

[10] Sousa, P., Atran, S., Medin, D. 'Essentialism and Folkbiology: Evidence from Brazil' [J]. *Journal of Cognition and Culture*, 2002, 2(3), 195-223.

[11] Devitt, M. 'Resurrecting Biological Essentialism' [J]. *Philosophy of Science*, 2008, 75(3), 344-382.

[12] 肖显静. "新物种本质主义" 的合理性分析 [J]. 哲学研究, 2016(3), 106-112.

[13] Griffiths, P., Machery, E., Linquist, S. 'The Vernacular Concept of Innateness' [J]. *Mind & Language*, 2009, 24(5), 605-630.

[14] Dar-Nimrod, I., Heine, S. J. 'Genetic Essentialism: On the Deceptive Determinism of DNA' [J]. *Psychological Bulletin*, 2011, 137(5), 800-818. https://doi.org/10.1037/a0021860.

[15] Stotz, K., Griffiths, P. E. 'A Developmental Systems Account of Human Nature' [A]. Lewens, T., Hannon, E.(Eds.) *Why We Disagree about Human Nature* [C]. Oxford & New York: Oxford University Press, 2018, 58-75.

[16] Morgan, H. D., Sutherland, H. G., Martin, D. I., Whitelaw, E. 'Epigenetic Inheritance at the Agouti Locus in the Mouse' [J]. *Nature Genetics*, 1999, 23(3), 314-318.

[17] 陆俏颖. '表观遗传学及其引发的哲学思考' [J]. 自然辩证法研究, 2013, 29(7), 25-30.

[18] 张建琴、张华夏. '论新本质主义中的自然类与自然律概念' [J]. 科学技术哲学研究, 2013, 30(5), 5-10.

[19] 陈明益. '生物物种是自然类吗'? [J]. 自然辩证法通讯, 2016, 38(6), 48-54.

[20] Moore, G. E. *Principia Ethica* [M]. Cambridge University Press, 1993.

[21] Jablonka, E., Lamb, M. J., Zeligowski, A. *Evolution in Four Dimensions (revised edition): Genetic, Epigenetic, Behavioral, and Symbolic Variation in the History of Life* [M]. Cambridge: MIT Press, 2014.

论从基因选择论到基因多元论的转变

陆俏颖

一、引言

关于自然选择的单位和层次的讨论（简称"选择单位问题"）已近一个半世纪。自然选择是达尔文为生物进化提供的解释机制，根据陆文顿（Richard Lewontin）的分析，基于自然选择的进化（Evolution by Natural Selection）需具备三个条件：

（1）表型变异（phenotypic variation），组成种群的个体存在性状差异；

（2）差别性适应度（differential fitness），表型变异可导致不同的适应度；

（3）适应度可遗传（fitness is heritable），具有不同适应度的表型变异可遗传。[1]

若上述三个条件被满足，那么具有高适应度表型的个体便会被自然地选择（naturally selected）。以长颈鹿为例，某个种群中的个体存在脖子的长短差异（表型变异）；长脖子比短脖子个体更易觅得食物，留下更多后代（差别性适应度）；长脖子的长颈鹿具有更大概率繁殖长脖子的后代（适应度可遗传）。在下一代种群中，长脖子个体的占比将上升；经过长期累积，短脖子的长颈鹿被淘汰，种群因此进化。

在长颈鹿的例子中，自然选择的单位是有机体，相应的，选择的层次是有机体层次。长久以来，有机体被视为典型的生物个体[1]，也是典型的选择单位。[2]然而，除了有机体层次，生物世界还包括其他层次，如微观的基因、微小的细胞以及庞大的生物群体等。由于陆文顿的三个条件未对选择的单位有所限制，那么自然选择可否发生在有机体以外的生物层次上？这便是选择单位问题。

关于选择单位问题，主流理论之一是以道金斯的观点为代表的"基因选择论"（Genic Selectionism），认为基因是最终的选择单位。20世纪80年代，基因选择论受到了多层次选择论的颠覆性挑战（下文将详述）。不仅如此，陈勃杭、王巍和范雪发表于《自然辩证法通讯》的论文《基因选择的本质》指出，基因选择论本身还面临一个"本体论疑难"。[3]如今，基因选择观的立场已转变为"基因多元论"（Genic Pluralism），强调基因选择模型可"呈现"（represent）其他高层次的自然选择。本文关注于从基因选择论到基因多元论的转变，试图揭示此转变的理论内涵，初步探讨以基因为中心的进化论研究框架的理论空间。

以下首先梳理选择单位问题的历史，着重阐述基因选择论和基因多元论的观点以及两者的区别。接着从本体论疑难入手，分析基因选择论和基因多元论的应对策略。基因选择论以表型到基因的还原关系为前提，主张"实在论基因"（以物理DNA分子定义），因此遭遇了本体论疑难；而基因多元论以基因到表型的"代表"关系为前提，主张"工具论基因"（以生物表型定义），可成功回避此疑难。最后分析了两种基因概念的历史变迁，并探讨其在进化研究框架中的角色。

1　"个体"（individual）和"有机体"（organism）一般被等同使用，此用法尚有商榷的余地。有机体是典型的生物个体，但生物个体可能包括有机体以外的生物实体。本文将两者分开使用。

二、从基因选择论到基因多元论

选择单位问题起源于达尔文对利他行为的考虑。[4][5]例如蚂蚁社群的工蚁，自身不能繁殖，其使命是为蚁后和同伴服务。这种利他行为降低了工蚁的适应度，有机体层次的自然选择趋向于将其淘汰。为解释利他行为的存在，达尔文引入了群体层次的自然选择，后被称为"群体选择"（group selection）[2]。工蚁的利他行为虽对自身不利，但对社群有利。相较于利他行为占比小的蚂蚁社群，占比大的社群具有更高的适应度，因而社群层次的自然选择趋向于保留后者，这使工蚁的利他行为被保留下来。群体选择的提出，将选择单位从有机体扩展到了生物群体。然而，20世纪60年代，群体选择受到了来自基因选择论的强烈冲击。

基因选择论的历史，需从亲族选择说起。不同于群体选择将利他行为看作对群体的整体适应度的贡献，亲族选择将其看作对种群内其他个体的贡献。[6][7]利他行为通常体现为降低自身的适应度，以提高亲族成员的适应度。若种群中的利他成员对亲族成员适应度的贡献大于自身所牺牲的适应度（汉密尔顿规则），由于亲族成员之间有高概率共享利他行为，那么平均而言，利他成员的适应度不降反升。结果是，自然选择作用于利他成员，使利他行为得以保留。亲族选择论还能用基因选择的形式呈现：某基因希望下一代有更多自己的同类，达到此目的的途径之一是使携带自己的有机体呈现利他行为，帮助那些携带相同基因的有机体（亲族成员），基因层次的自然选择使利他基因得以保留。这种解释后被称为进化的"基因之眼"（gene's eye view）。

道金斯于1976年出版的《自私的基因》将"基因之眼"推向了极致，[8]

1　利他行为的广义定义是，某个体的行为对自身适应度的贡献，小于对种群内其他个体适应度的贡献。本文将以狭义定义（损己利人）为例进行论述。

2　有必要区分"群体"（group）和"种群"（population）。群体内的个体存在一定的关系，而种群指个体的集合。在群体选择中，自然选择所面对的是由各个群体组成的种群，被选择的是群体。

他的理论基础是复制子概念。道金斯将具有自我复制能力的生物实体（基因）称为"复制子"（replicator）[1]，将包含复制子的有机体称为"载体"（vehicle）。赫尔（David Hull）进一步分析了两者的区别：复制子是在代系传递中保持自身结构完整的实体；载体是能直接与环境互动的实体，赫尔因此改称为"互动子"（interactor）。从复制子到基因选择论，包含了两个并列的逻辑步骤。[9]

第一，用复制子概念强化亲族选择论中的"基因之眼"。回到工蚁的例子，工蚁的利他基因作为复制子，通过工蚁这个互动子，帮助社群中的蚁后及其同伴，以复制更多自身的复制体。如此，利他基因的复制子可在种群中扩散。基因选择论通过强调基因的忠实复制能力，突显基因层次的自然选择，以解释利他行为。第二，对比复制子与互动子在进化历程中的存续能力，挑选复制子作为选择的最终单位。道金斯指出，有机体就像天空中的云，稍纵即逝；只有基因能长存于代系交替中。互动子保存包裹于内的复制子；复制子以互动子为媒介，相互竞争，以期长久存在。换言之，基因以有机体为媒介，最大化自身的适应度，是自然选择的最终受益者（在自然选择中存活下来的单位）。[10]

基因选择论[2]的盛行使群体选择鲜被提及。直到20世纪80年代后期，索伯和威尔逊（David Wilson）提出多层次选择论[3]，复兴了群体选择。以蜜蜂的螫针为例，螫针虽利于攻击侵犯者，但刺出螫针后蜂亦死亡。螫针这个性状使有机体（蜜蜂）的适应度下降，却使蜂群的适应度提高。[11]回顾陆文顿的三个条件，自然选择所识别的是适应度差异。由于螫针性状分别影响了两个层次的适应度：蜜蜂有机体层次和蜂群群体层次，所以自然选择的结果取决于两个层次的共同作用。若群体选择影响大于有机体层次的选择，即螫针对

1　基因的复制过程需要多种酶和其他分子参与，说基因能"自我复制"，似乎基因本身具有自我意识，是一种隐喻的说法。

2　基因选择（genic selection）与基因型选择（genotypic selection）不同。如二倍体有性生物，每经历一次生殖过程，等位基因的配对被打乱，基因型重新洗牌。

3　"multi-level selection"也被译为"多元选择"（[5], p.27）。为避免与多元主义（pluralism）混淆，本文依循黄翔（[7]），译为"多层次选择"。

蜂群的贡献足够大，那么种群中（一个种群包括多个蜂群）利他有机体数量将增加，结果是利他性状由多层次的自然选择作用而保留。

多层次选择论对基因选择论的冲击体现在两方面。第一，开创了选择单位的多元主义（pluralism）。在此之前，选择单位是基因、有机体，还是群体？这是一道单项选择题（关于选择单位的一元主义［monism］）。多层次选择论打破了一元主义的局限：对于某个基于自然选择的进化现象来说，选择单位是什么，取决于哪个（或哪几个）生物层次参与了自然选择过程。这削弱了基因作为特殊选择单位的地位。第二，重新诠释选择单位问题。[12] 与基因选择论关心自然选择的最终结果不同，多层次选择论认为应该关心的是过程，而非结果。选择单位问题是：对于一个特定环境中的种群，具备差别性适应度的单位是什么？[1] 这正是被基因选择论所摒弃的互动子问题。[10] 由于大多数现有的自然选择案例，尤其是利他行为的进化，其过程都涉及基因以外的生物层次，基因选择的话语权被削弱。

多层次选择论试图取消基因选择的特殊性，但基因选择观的同情者并不照单全收。由基切尔（Philip Kitcher）、斯特林（Kim Sterelny）和沃特世（Kenneth Waters）发展的基因多元论，保留了基因作为特殊选择单位的地位，同时与选择单位的多元主义相容。

基因多元论者承认，自然选择事实上可以发生在多个层次。所以，纠结于什么是"真正的"选择单位，等同于陷入形而上学的泥沼不可自拔。[13] 然而，对于任何一个基于自然选择的进化现象，至少有两种看待方式：一是依据事实，考虑自然选择的过程（如多层次选择论）；二是通过基因选择视角，将适应度看作基因的一个性质，将适应度的高低看作该基因留下复制体的能力（如用"基因之眼"解释群体层次和有机体层次的自然选择）。[14] 两种看待方式在数量模型上互通，没有绝对的优劣。这体现了基因选择的特殊性：

1　索伯指出，选择单位与遗传单位不同：前者关注自然选择，后者关注遗传。所以，遗传的单位是基因，不代表选择单位也是基因。虽然基因作为复制子使表型差异得以遗传，但基因本身并不参与自然选择的过程（[12]）。

基于任何层次的自然选择，都可用基因层次的形式化模型来"呈现"。基因选择建模的统合特点，是其他数量建模无法比拟的。基因多元论不再坚持基因作为选择单位的事实唯一性，转而强调基因选择的视角特殊性。选择单位在事实层面不再构成任何问题，选择单位的问题其实是看待自然选择的视角问题，[15]即数量模型的选择，而基因选择模型无疑具有特殊的优势。

从基因选择论到基因多元论的转变，可在一定程度上化解多层次选择论的冲击，为基因选择观保留一席之地。然而，基因选择论本身还存在一个棘手的难题——陈勃杭等提出的"本体论疑难"。那么，基因多元论是否可回避这一疑难？下一节将构建两个论证，分析基因多元论对此疑难可能的回应。

三、本体论疑难与基因概念

基因选择论立足于复制子和互动子的区分，强调后者对前者的依赖。其前提是复制子和互动子，即基因和表型的还原关系。这一还原关系的经验支持主要来自分子生物学发展之初确立的"中心法则"。根据中心法则，遗传信息单向地从DNA分子经RNA分子传向蛋白质，蛋白质是生物表型性状的主要物理实现者。这一单向信息流意味着，基因层次的信息包含了高层次的信息，基因决定着表型性状的差异。因此，基因才是性状延续和自然选择的根本。这与陈勃杭等的分析不谋而合。他们指出，基因选择论的本质是基因还原主义，即"通过中心法则和分子生物学研究方法，将任何高于基因层次的被选择性状都和某些基因相联系，断定这些基因不可逆地产生了这些性状"。[3]由于中心法则的确立，对高层次性状的解释便可还原到基因层次，这是基因选择论的本质。

然而，随着分子生物学的发展，中心法则受到了挑战和质疑，陈勃杭等总结了两点质疑，笔者在此进一步阐述。第一，分子生物学无法确定基因的结构边界。基因的经典定义包含一个开放阅读框的DNA分子，即以起始密码子开始、以终止密码子结束的完整片段。但研究发现，一个开放阅读框通过选择性剪切，可产生不同的蛋白质产物；不同的开放阅读框经过基因组重排可产生同一个产物；原本编码特定产物的开放阅读框，通过mRNA编辑可产生一个完全不同的产物。这使基因的结构边界难以刻画。第二，无法确定基因的功能单位。基因表达是依赖情境的，细胞内环境的变化可影响基因的表达。某基因在一个情境中的功能，与其在另一情境中的功能相去甚远。以上两点质疑打破了基因与蛋白质的对应关系。陈勃杭等将其称为基因选择论的"本体论疑难"，即高层次的性状无法找到基因层次对应的实体。此疑难对基因选择论的挑战可重构为论证1。

论证1：

1）无法在基因层次找到高层次性状的对应物（本体论疑难）；

2）无法将高层次性状还原到基因层次（由1推导出）；

3）基因选择论不成立（由2推导出）。

本体论疑难可谓基因选择论的薄弱之处。那么，基因多元论可否回避此疑难？结合第二节所述，可构建一个针对基因多元论的类似论证。

论证2：

1）无法在基因层次找到高层次性状的对应物（本体论疑难）；

2）无法用基因选择呈现高层次选择（由1推导出）；

3）基因多元论不成立（由2推导出）。

对比两个论证，笔者认为，论证1成立，但论证2不成立。

分析基因选择论的内涵，可得如下关系链：基因选择论以基因还原主义为理论支持，基因还原主义以中心法则为经验支持，中心法则指DNA分子到蛋白质的单向信息流。这条关系链的端点是基因。从基因开始，遗传信息通过层层"传递"，决定了高层次的性状。若以种群的代系为界限，那么基因是亲代种群的终点，也是子代种群的起点，一代时间内以表型性状为过渡。因此，基因是自然选择的最终单位，是种群性状的进化过程中唯一可追溯对象。这便要求某一特定表型，可被还原到作为"一个单位"的基因上。若无法在基因层次找到表型的对应物（本体论疑难），那么表型到基因的还原关系便无法成立。因此，论证1成立。

基因多元论强调基因选择建模的普遍性，[7]即所有的自然选择现象都可用基因频率的变化来呈现。此观点也被称为"基因账簿"（genetic[1] book-keeping），用基因作为一种普遍的记号记录其他生物层次的自然选择过程和结果。[11]换言之，用基因"代表"其他层次（如细胞、有机体和群体等）的性状差异及变化。这一代表关系不再承诺表型到基因的还原。相反，基因被当作一种工具，其目的仅仅是代表高层次的性状。虽然本体论疑难指出，基因与表型之间的对应关系不再成立，然而对于某特定表型，即使无法找到一个时空连续的可看作单位的DNA分子，只要找到可实现此表型的各个DNA片段，并将其集合"看作"一个基因，表型便能被此基因成功"代表"。由起"代表"作用的不同基因构建的自然选择模型，便可呈现高层次的自然选择。因此，本体论疑难对代表关系不构成根本上的冲击，论证2中由前提（1）到前提（2）的推论不成立。

基因与表型的还原关系和代表关系，区别体现在基因概念的差别。对于基因选择论来说，基因是本体论基础，是物理上存在的可作为单位的实体。因此，陈勃杭等将无法在基因层次一一找到表型对应物的问题称为"本体论疑难"甚为贴切。这里，基因以物理DNA分子定义，笔者称为"实在论基因"。然而，对于基因多元论来说，基因是一种"代表"工具。对于一个高层次的表型来说，可引起表型变化的任何DNA片段的集合都可以是工具论基因的一个例示。在最小化的意义上，这里的基因是以生物的表型定义的理论"空壳"，称为"工具论基因"。

从基因概念出发，可区分基因选择论与基因多元论在面临本体论疑难时的不同处境：前者持有实在论基因概念，要求基因与表型的还原关系，这须以解决本体论疑难为前提；后者持有工具论基因概念，要求基因与表型的代

---

1 "genetic"可译为"基因的"，也可译为"遗传的"。遗传是一类生物现象的总称，基因是遗传信息的典型载体，两者并不等同。如表观修饰也可作为遗传信息的载体（详见[23]，p.26）。因此，笔者将这里的"genetic"译为"基因的"。

表关系，可与本体论疑难相容。笔者为基因多元论回应本体论疑难提供了一条思路，即用工具论基因代替实在论基因概念。下一节将着重阐述两个基因概念的区别和联系。

四、实在论基因和工具论基因

生物哲学家莫斯（Lenny Moss）于2004年的著作中区分了两类基因概念。[16]"某个性状+基因"的表述（如乳腺癌基因），不直接对应一段DNA分子，而是指拥有某基因的个体有较高概率出现乳腺癌症状。此类表述中的基因通过与个体表型的关系定义，莫斯称为"基因P"（P指phenotype，即表型）。莫斯将直接指称DNA分子的基因称为"基因D"（D指development，即发育），它是蛋白质合成过程中的一个模板资源，是个体发育的资源之一。莫斯的基因P大致对应工具性基因，基因D对应实在论基因。本节将以现代进化论范式为背景，简要阐述两个基因概念的发展史，并分析工具论基因在进化研究框架中的角色。

以达尔文进化论为核心的生物学范式"现代进化综合"（Modern Evolutionary Synthesis）形成于20世纪40年代。其中的关键步骤是达尔文进化论与孟德尔理论的结合，后果有二。

第一，孟德尔理论为自然选择填补了遗传[1]解释的空白。根据孟德尔定律，某个生物性状由两个遗传因子决定，如Aa对应杂合体的高茎豌豆。在生殖过程中，亲代的两个遗传因子保持自身完整随机分配，在子代中自由组合，如Aa的后代中AA，Aa和aa的比例为1：2：1。约翰逊后将符合孟德尔定律的遗传因子称为"基因"（gene），并区分了表现型和基因型，将可观察的表型差异归因于不可观察的基因。[17]如此可解释遗传现象：亲缘关系相近的个体

1　"遗传"的英文是"heredity"（形容词"heritable"），指子代倾向于呈现与亲代相似的性状。"inheritance"也译为"遗传"，指亲代和子代性状相似性的解释机制。孟德尔理论为遗传（heredity）现象提供了基因遗传（inheritance）的解释。

为何表型相似？因为拥有相似的基因。

第二，数量化的统计方法从遗传扩展到了进化，体现为群体遗传学。将孟德尔的量化统计运用于生物种群，可知在理想状态下（群体大且交配随机；无突变、迁移和自然选择等作用），由于基因可稳定遗传，种群中的基因和基因型频率保持不变（哈迪—温伯格定律）。例如，亲代群体中A和a的频率分别为0.6和0.4，基因型频率AA为0.36，Aa为0.48，aa为0.16（总和为1），那么若无外力作用（理想状态下），子代群体中A和a的频率仍然是0.6和0.4，基因型频率不变。将理想状态作为基准，可计算当种群面临不同进化驱动力时基因和基因型频率的改变。如在自然选择作用下，拥有某基因型的个体产生更多后代，那么组成该基因型的等位基因在下一代种群中的频率将会升高。这里，基因频率代表着群体的遗传结构，群体进化被描述为基因和基因型频率的改变。这构成了现代综合的核心方法论。

考察基因在现代综合中的角色，基因为性状遗传现象设置了一个原因，它扮演着归因的理论工具的角色。根据福克（Rapeal Falk）的分析，[18]此时的基因不预设任何物理假设。基因是可观察的表型性状的代表，现代综合以基因为数量化实体建立遗传和进化模型。至于基因到底是什么物质，这没有必要回答。正如经典遗传学的鼻祖摩尔根所说："关于基因是真实存在的还是虚构的，遗传学家们并没有共识，因为无论基因是一个假设单位还是一个物理构成，对于遗传实验都没有丝毫影响。"[19]可见，基因在产生之初，是一个纯粹的工具论概念。

之后，随着生物学研究向分子层面推进，生物学家开始寻找基因的物理构成。1953年，沃森和克里克提出的DNA双螺旋结构被广泛接受，这是中心法则的起点。自此，DNA分子成为遗传物质的典型。这使曾经的真空概念——基因——从深渊中被拯救，锚定于物理化学层面，拥有了实在论内涵。工具论基因逐渐退出历史舞台。当我们谈论基因时，我们谈论的是实实在在存在于生物体内的DNA分子片段。此时的基因直指物理DNA分子，即实在论基因。从现代综合至今已过去大半个世纪，工具论基因概念对分子生物学家来说是奇怪又落后的概念。这是否意味着须抛弃工具论基因？笔者认为，答案是否定的。

对于现代生物学来说，除了分子化学层面的解释，还有一个自达尔文以来的任务，就是生物进化的解释。作为进化论范式的现代综合，其方法论的核心正是工具论基因。换言之，工具论基因是目前生物进化的量化解释中不可或缺的理论工具。[20]只要以基因建模的方法论存在一天，工具论基因就有用武之地。若工具论基因可一一对应于物理的DNA分子（即实在论基因），正如许多生物学家（如道金斯）所期待的，那么也许事情就简单很多。两个概念虽然定义的方式不同，但指向同一个实体。在一般情况下，两者可交叉使用。然而，事与愿违。支持此对应关系的中心法则受到了挑战，表型无法一一对应到物理DNA分子。这意味着，工具论基因与实在论基因需分开使用：工具论基因代表表型，用于进化论研究；实在论基因指称DNA分子，用于分子生物学的研究。

结合第二节所述，从基因选择论到基因多元论的转变，体现了在选择单位问题的发展历程中，两个基因概念分离的过程。基因选择论的兴盛，正是借助实在论基因力压工具论基因的契机。DNA分子结构的发现为工具论基因找到了"家"。道金斯趁着这股潮流，基于现代综合的基因建模方法论，突显实在论基因的复制和存续能力，并据此强调基因（实在论基因）才是自然选择的最终单位。然而，本体论疑难的出现，意味着实在论基因无法作为选择的单位。这使基因选择观的同情者转而将基因看作"代表"表型的理论工具，用以呈现高层次的性状及其变化。这便是后来的基因多元论。可见，这一转变的内涵正体现了工具论基因与实在论基因各自为营的过程。

综上所述，以工具论基因为中心概念的研究框架始于孟德尔，在现代进化综合中开花结果。基因选择论从工具论基因向实在论基因迈进了一步，将实在论基因看作选择的最终单位。基因多元论则抛弃了实在论基因，回归到工具论基因，其所维护的正是现代综合的研究框架。这一"回归"具有两个理论后果。第一，基因选择是看待和梳理杂乱无章的生物现象的一种视角，并不承诺对生物事实的唯一正确解读。这使基因多元论可与选择单位的多元主义相容。第二，工具论基因本身不预设任何物理条件，基因可以是特定的DNA片段，也可以是不同片段的集合，甚至可以是其他生物分子（如RNA、表观修饰等）。这使基因多元论可成功回避对基因选择论来说致命的本体论疑难。

五、结语

基因多元论对于工具论基因的回归，虽能融合多元主义并回避本体论疑难，但此举并非没有代价。对于现代综合来说，进化论意义上的基因是一个没有物理实在的理论工具，是一个没有内容的"空壳"。在本体论疑难出现之前，填补这一"空壳"的任务由分子生物学的研究完成。研究DNA分子以及其他微观分子的作用机制，可为特定的DNA分子如何在因果上决定特定的性状提供解释。结合这部分的信息，可大大提高生物进化研究的解释力和预测力。然而，由于本体论疑难的存在，进化论解释和分子生物学解释无法以单一的"基因"概念为桥梁，进行结合或互补。如何重建两种解释之间的桥梁，是现代综合面临的一个难题。同理，解释力的削弱也成为基因多元论的缺点之一。

基因多元论的另一缺点在于"基因账簿"无法提供充分的因果解释。更确切地说，现代综合的研究框架无法提供发育对进化的因果解释。2000年，由格里弗斯（Paul Griffiths）等提出的"发育系统论"（Developmental Systems Theory）指出，基因只是发育的一个资源，没有理由认定基因比其他发育资源在因果上更具优先性。[21]以基因建模的现代综合无法从因果上解释发育对进化的影响。2014年，《自然》杂志刊登了一篇由正反两方观点构成的辩论性短文"进化论需要再思考吗？"。[22]其中改革派指出，以基因为中心的现代综合无法囊括如发育偏向、表型可塑性、生态位构建和表观遗传等现象，而以上现象却可影响甚至引领进化历程。因此现有的进化论范式需要被重新审视。

可见，基因多元论能否独善其身，与现代综合的命运息息相关。工具论基因最终是否被抛弃？"基因账簿"的方法论何去何从？这些问题涉及一般科学哲学的重要话题，如科学理论的结构、科学理论与解释、科学理论的实在论承诺等。要解答这些问题还需更深入地探讨，同时也依赖生物学接下来的经验发现与理论发展。

参考文献

[1] Lewontin, R. C. 'The Units of Selection' [J]. *Annual Review of Ecology and Systematics*, 1970, 1: 1–18.

[2] Wilson, R. A., Matthew, B. 'The Biological Notion of Individual'[OL], *The Stanford Encyclopedia of Philosophy*, https://plato.stanford.edu/entries/biology-individual/. 2013-01-12.

[3] 陈勃杭、王巍、范雪. 基因选择的本质[J]. 自然辩证法通讯，2015 (37)：29–33.

[4] Darwin, C. *On the Origin of Species: by Means of Natural Selection* [M]. New York: Bantam Dell, 2008, 241.

[5] 李建会. 自然选择的单位：个体，群体还是基因？ [J]. 科学文化评论，2009，6(6)：19–29.

[6] Hamilton, W. D. 'The Genetical Evolution of Social Behaviour I and II' [J]. *Journal of Theoretical Biology*, 1964, 7(1): 1–52.

[7] 黄翔. 自然选择的单位与层次 [M]. 上海：复旦大学出版社，2015.

[8] Dawkins, R. *The Selfish Gene* [M]. Oxford: Oxford University Press, 1976.

[9] Hull, D. L. 'Individuality and Selection'[J]. *Annual Review of Ecology and Systematics*, 1980, 11(1): 311–332.

[10] Lloyd, E. 'Units and Levels of Selection' [OL]. *The Stanford Encyclopedia of Philosophy*, https://plato.stanford.edu/entries/selection-units/. 2017-04-14.

[11] Sober, E., Wilson, D. S. 'A Critical Review of Philosophical Work on the Units of Selection Problem' [J]. *Philosophy of Science*, 1994, 61(4): 534–555.

[12] Sober, E. 'Organisms, Individuals, and Units of Selection' [A]. Tauber, A. I. (Ed.) *Organism and the Origins of Self* [C]. Netherlands: Springer, 1991, 275–296.

[13] Sterelny, K., Kitcher, P. 'The Return of the Gene' [J]. *The Journal of Philosophy*, 1998, 85(7): 339–361.

[14] Kitcher, P., Sterelny, K. and Waters, C. K. 'The Illusory Riches of Sober's Monism' [J]. *The Journal of Philosophy*, 1990, 87(3): 158–161.

[15] Okasha, S. *Evolution and the Levels of Selection* [M]. Oxford: Oxford University Press, 2006, 146.

[16] Moss, L. *What Genes Can't Do* [M]. Cambridge: MIT Press, 2004, xiv.

[17] Johannsen, W. 'The Genotype Conception of Heredity' [J]. *International Journal of Epidemiology*, 2014, 43 (4): 989−1000.

[18] Falk, R. 'What Is a Gene?' [J]. *Studies in History and Philosophy of Science Part A*, 1986, 17(2): 133−173.

[19] Morgan, T. H. 'The Relation of Genetics to Physiology and Medicine' [J]. *Scientific Monthly*, 1935, 41(1): 5−18.

[20] Lu, Q.,Bourrat, P., 'The Evolutionary Gene and the Extended Evolutionary Synthesis' [J]. *British Journal for Philosophy of Science*, 2017, axw035.

[21] Griffiths, P. E., Gray, R. D. 'Darwinism and Developmental Systems' [A]. Oyama, S., Griffiths, P. E. and Gray, R. D. (Eds.) *Cycles of Contingency: Developmental Systems and Evolution* [C]. Cambridge: MIT Press, 2000, 195−218.

[22] Laland, K. N. et al. 'Does Evolutionary Theory Need a Rethink?' [J]. *Nature*, 2014, 514 (7521): 161−164.

[23] 陆俏颖. 表观遗传学及其引发的哲学思考[J]. 自然辩证法研究，2013，29 (7)：25−30.

专题2：生物学中的系统革命

解读系统生物学：还原论与整体论的综合

桂起权

一、系统生物学是复杂性思想革命的产物

什么是系统生物学？系统生物学是在复杂系统层次上理解生物的现象、功能和机制的科学，是处于学科发展最前沿的现代生物学的最新表现形式。那么，它的目标和定位是什么？系统生物学的目标在于，理解生物体的功能属性与行为是如何通过其各组成部分的相互作用实现的。这些相互作用非同一般，那是非线性的动力学过程，以使得新的性质和功能涌现出来。按照陈竺院士简明扼要的概括，系统生物学的最终目的是解析生命的复杂性。

20世纪的科学革命是以相对论和量子革命为标志的，而21世纪的科学革命则以"复杂性"思想革命为标志。[1]可以说，系统生物学是21世纪初的复杂性思想革命的产物。它是2004年才正式命名的、在不断成长着的新学科，并且处在众多不同学科领域的交叉点上，既继承了分子生物学和基因组学，又延续了生物物理学、生物化学、数学生物学和生物控制论等诸多学科。这是名副其实的"学科整合"。那么，系统生物学是怎么产生出来的呢？

生物学家们自己在研究过程中真切地感受到了"悖论和矛盾"，应当说，

那是生命科学界科学革命前夜十分典型的征兆。从科学哲学观点看，科学的发展是由常规科学与科学革命交替进行的。杜布赞斯基等人创立综合进化论以来，生物学在一段时期内处在常规科学的相对平稳发展阶段，不过"疑难"和"反常情况"时有发生并且终究是不断积累的。症结在于，从一个方面看，生命系统存在着单单通过基因和DNA所不能发现或理解的功能，因为功能属性并不"一对一"地直接存在于分子本身，可见单纯的还原方法到头来已经不能解决问题。然而，从另一方面看，这并不说明存在任何超自然的东西，因为谁也不再愿意相信那种既非物理、亦非化学的神秘"活力"。

这在一些分子生物学家看来，的确是一个逻辑悖论，多少有些自相矛盾。我们的评论是，每当常规科学分析性思维的精致性走到尽头，必然出现矛盾与悖论之类的东西。既然生物学家和生物学哲学家已经触摸到了形似"逻辑悖论""自相矛盾"的东西，科学革命也就为期不远了，作为新科学的系统生物学已经呼之欲出。系统生物学的诞生，同时实现了"两个思想解放"。[2], p.4一是从"逻辑悖论""自相矛盾"中摆脱出来；想通了，逻辑矛盾就消失了。二是从旧的物理学哲学范式的束缚中摆脱出来，比 E.迈尔更进一步发挥生物学哲学的特异性。迈尔的重点只在于进化生物学，系统生物学的哲学则能统摄进化生物学与功能生物学，是更全面的生物学哲学。悖论分析专家张建军早就指出过，悖论是一种"特殊的逻辑矛盾"，它起因于原先公认正确的背景知识中包含十分隐蔽的潜在缺陷。[3]若能把隐蔽的缺陷找出来，弥补起来，思想就能真正疏通，逻辑矛盾不难消解。

"功能产生于分子，却并不（直接）存在于分子"。看似"矛盾"，其实恰恰体现了辩证法与辩证逻辑的精神。这个事实之所以让一部分分子生物学家感到纠结，根源在于他们陷入旧的"非此即彼"的两极性思维模式。说得确切些，功能是产生于众多分子的"系统"，而不是集中于"单个分子"。从辩证思维角度说，"功能"依赖于整体，应当说是"分布式"的，而非"集中式"的。单纯的"个体主义"方法论不顶用，这里需要整体论思维。科学革命，意味着"范式的转换"，也包括认识论、方法论的转换。生物学家在

"复杂性系统革命"前夜所陷入的困境，主要表现为面对新颖的事实，用老的认识方法想不通、想不开。这是认识论的困境。基因测序的"大数据时代"来到后，生物学家面临着这样的问题：面对超量丰富的数据，却缺乏相应的合理的科学假说和理论保证，以至于理论驱动力不足，缺乏正确理解。所以，在系统生物学诞生之前，生物学家实际感觉到的是一个挫折不断累积的时期。科学哲学家看得很清楚，在新旧范式交替之际，科学家们内心必定处在不平静之中，那是理所当然地感到十分迷茫的时期。危机是科学革命的前夜。所谓"科学危机"，是旧理念跟不上新事实，实质上只能是认识论危机。

系统生物学新范式的出现，是许多早期学科"非线性整合"的结果。主要有三个渊源：一是代谢通路与信号转导途径的模型；二是生物控制论和数学系统分析；三是各种"组学"（包括产生大量数据的基因组学及转录组学、蛋白质组学和代谢组学等）。[2], p.140 前两个来源提供富有解释力的理论模型，后一个来源则提供超量的数据。系统生物学应当看作足数据（各种"组学"）与好的建模能力的"非线性整合"。出现在诸多学科交叉点上的"学科整合"过程，其中必定也存在"非线性相互作用"，因而全新的性质在此涌现出来。[4]

我们再回到关于系统生物学的起因的讨论。为什么说单纯分析性思维走到尽头，会促成系统生物学应运而生？情况是这样的：分子生物学家原来的设想是，DNA的序列原则上应该决定活细胞中所发生的任何事情，从而对生物体的功能达到完全的理解（这是还原论的理想：将高层次的生物学事实通过下行路线完全归结为最低层次的物理学事实）。因此，对活生物体的整套DNA进行测序就非常重要。于是就出现"整个地球村上"前所未有的、超大量的科研力量投身于"基因组学"研究的壮观局面。令人振奋的是，到2001年，人类基因组DNA序列终于完成了草图图谱的工作。原则上，任何生物体的DNA序列现在都可以确定。[2], p.30 这样的成就怎么能不让支持还原论的科学家欣喜若狂呢？还原论的梦想无非是全部自然现象仅仅用关于基本实体的少数基本定律就都可以做出合理解释。基因组测序工程的兴起，原先就暗含着一个希望：一旦得到某种生物体的遗传蓝图，就能对该生物体根本的特点和弱点了如指掌。然而，好景不长。分子生物学的迅猛发展，最终达到了什么结果呢？对于生命的本质的理解居然仍旧不甚了了。这样的答案可以概括成"还原方法成就之巅峰，以及还原论纲领梦想的破灭"。[2], p.32 前者是其肯定方面，后者是其否定方面。两者相反相成，正合"物极必反"之深意。细胞行为由多分子"协同产生"，这一事实意味着孤立地研究单个个体而不关注其间相互作用是行不通的。而系统生物学呢？它旨在阐释众多分子如何联合作用产生细胞行为。这样看来，分子生物学的局限，正好引出系统生物学所要解决的问题。由于系统生物学突破了单纯还原论的思维方法，引进了复杂性系统科学的整体论思维方法，因此很自然地，系统生物学将成为一门旨在立足于生物学事实探寻方法论与哲学基础的新学科。

分子生物学家们曾经以为，有了基因组学，有了"数量充足并且全面准确的活体细胞分子的实验数据集"，也就有了一切。其实不然，因为"从这些大规模的数据本身并不能直接理解生命如何运作"。于是，到21世纪之初，系统思想对于生物学理论的必要性和紧迫性立即提到议事日程上来。现在人们回想起，1950—1960年代，艾什比等学者早就创建了专门研究生命系统"运作机制"的"生物控制论"，那是可以用控制论和动力学模型对代谢过程进行研究的。为什么生物控制论在1960—1970年代未能成为生物学的主流？这些早熟的科学不够幸运，问题在于，当时没有超量实验数据集的支撑。现在是时候了！万事俱备，不欠东风。系统思想指导下的动力学模型研究，得到了基因组学的庞大实验数据集的支撑，在这个交会点上，作为多学科整合的系统生物学终于诞生了！系统生物学家处理许多主题，比如复杂性、系统、网络、涌现、自组织、自我维持、机制、控制、建模、功能和跨层次理论，其中也都包含科学哲学家所喜欢的丰富的哲学意蕴。

二、还原论与整体论优势互补

再来讨论系统生物学哲学之由来：还原论与整体论（或作为反还原论的

整体论）各有局限性，却又是优势互补的。还原论的局限性在于，对生命体或活细胞进行哪怕最轻微的分解，也会去除生命的主要性质。只从分子层面研究显然无法帮助我们理解生命。《浮士德》怎么说的？为了了解生命，就得进行解剖，但那样的话，至少生命的联系就再也不存在了。在分子生物学和生物化学中，按照分析性思维模式，实际的做法是，研究生物体内所有的分子，却避免涉及包含全部这些分子组分的生命整体。相反，整体论哲学也并非尽善尽美，同样具有局限性。虽然"整体不等于部分和"的纲领性思想在原则上是不错的。但是，在操作层面上看，主要重视研究整体，不重视在细节上对所研究对象（如生物体）进行分解，我们只能宏观地从表象模型层面描述实验数据或观察其行为，这些数据或模型的组分（如生长速率）缺乏物理上的实体对象。整体论因其含糊性而难以检验（证实或证伪）。既然如此，怎么能合科学家的心意？其实，还原论对系统组分的精细结构和底层物理基础进行彻底追寻的做法，以及随之而来的超量实验数据集，恰恰是充实了整体论。所以说，对还原论与整体论各自的合理要素，需要进行辩证的综合。我们非常赞赏张华夏教授在《兼容与超越还原论的研究纲领》中的基本观点：尽管"理论还原"还应该是科学技术领域的主要追求，然而在需要探求"理论上索"的领域，"复杂系统方法"将可能成为更具有兼容性的新的研究纲领。[5]那么，就系统生物学来说，兼容工作应当怎么做呢？

先看还原论策略还有没有合理方面。将生物系统完全分解（还原）以后，我们就可以采用类似于物理实体的方式来定义系统，假定这些实体（如mRNA）在体外只能以一种确定的方式进行调节。正是由于种种还原论的策略，正规的可重复的科研策略才成为可能。诚然，在分子生物学家那里，还原论方法已经完美运作了差不多有50年，他们一直保持着胜利者的心情。可是，在新旧世纪之交，他们终于意识到了单纯还原论的局限性，原来孤立地研究个体而不关注其间相互作用还是行不通的。另一方面，若倒退到旧的空洞的整体论哲学策略，同样是行不通的。于是认识到，系统生物学也许需要有独特哲学基础的全新的策略，重点在于如何把上述两者的合理要素辩证地整合起来。

现在接着讨论将"彻底还原论"与"整体论"协调的可能性。"彻底还原论"关注每个分子个体的行为，这当然是无可非议的，并且未见得与更关注系统整体的整体论思想真的矛盾（整体毕竟是由其组分及其相互作用所形成的），应当说两者在系统生物学中都是可以被汲取的并且能够相互为用。为什么这样说？因为细致调查作为系统组分的分子，有助于研究作用机制的精细结构，对理解系统整体的功能行为有利，而不会造成妨害。[2], p.57 进一步说，机械论（mechanism）在研究机制的精细结构的意义上是非常可取的。其实叫作"机制论"更合适。活力论则强调，单纯物理和化学的要素，不足以解释生命。历史上活力论与机械论之争，都没有击中对方的要害，未能真正打垮对方。

代谢通路与信号转导途径的模型研究，是系统生物学的理论来源之一。其中生理学上代谢动态平衡的经典例子是血糖，这里涉及的是检测血糖调控机制的研究。综合各实验结果表明，通量完全由葡萄糖转运蛋白和血糖浓度控制，即由途径中第一步反应来控制。糖原合成途径中通量由底物和葡萄糖浓度控制，这就是一个自动调控的过程。[2], p.58 血糖通路研究的主要方法论意义在于，提供从分子数据到系统整体行为的机理，从而使得还原论与整体论两者互通有无。

"彻底还原论"的方法只是关注每个分子个体的行为，并且多半只是在活细胞静态的分子环境中关注个体的行为。与此不同，由于系统生物学关注的重点在于系统整体，因而具有明显的整体论特色，然而又由于系统生物学高度重视系统内各组分间的动态相互作用，所以它在关注个体分子的行为方面比"彻底还原论"有过之而无不及，既有继承又有所突破。

确切地说，系统生物学在主导思想上，实现了整体论与"彻底还原论"的融合。系统生物学中最有代表性的"硅细胞"模拟方法，就是这种融合的生动体现。地球上真实的活细胞当然是"碳基"的，而计算机的硬件则是"硅基"的，软件在此基础上运作。"硅细胞"模拟方法，是指一种计算机模拟系统，这是对真实活细胞的"硅细胞"复制，它以试验测量活细胞内"作用物"（酶、泵、受体等）的数据为基础，模拟一个完整的细胞内各种反应和动态相互作用的网络结构。[2], p.166 即使有关静态特性，系统对应于静态生理状态的整体属性（例如涉及细胞的pH值和离子强度等），也可以纳入"硅细胞"模型。在"硅细胞"模型中，分子功能行为，作为与其他分子相互协同作用的活生生的过程，能再现出来。"硅细胞"模型，是"人工生命"的典型形式之一，其目标就在于变成真实细胞在计算机模拟中的精确复制品。修尔曼（Robert G. Shulman）作为《系统生物学哲学基础》的众多作者之一，明确提出了一种"物理还原论的哲学"。[2], pp.62–63 他主张，物理主义与系统内在机制的精细结构相容！进一步说，他的物理主义还原方法与整体论也是兼容的。修尔曼立足于自己实验室的一套方法论来研究系统生物学。他对人体中流量、代谢产物进行非侵袭性的磁共振（MRS）分光光度的测量。这些实验测量了代谢控制分析（MCA分析）所需要的参数，用以探寻更高水平的功能和组分分子的物理性质。修尔曼由代谢控制分析指导、阐释的磁共振谱（MRS）实验系列，构建了一个关于系统范畴内人类疾病条件的可靠的分子解释。

　　修尔曼是怎样引出"物理还原论的哲学"的呢？修尔曼认为，由这些方法发展而来的理解，展示了一种物理主义的内在力量，即建立在物理学和化学标准之上，研究对象完能够以物理学和化学语言加以定义，并且拥有生化和遗传输入的系统。作为系统生物学学者，修尔曼坚持，系统属性本身必须从分子角度描述，这是研究的出发点，如检测血糖调控机制的方法。作为对系统生物学的哲学反思，他提出，"物理还原论哲学"的核心思想，一方面是从分子出发的，像是个体主义的、物理主义的、还原论的，另一方面却又能解释系统整体的功能属性、其组分间的相互作用机理，因而能够与整体论兼容。这种还原论与整体论兼容的方法论是科学史上闻所未闻、前所未有的！

　　在修尔曼那里，实验方法论是与"物理还原论哲学"思想分不开的。他的"物理还原论哲学"，主要特征是对物理基础和因果性的彻底追寻。一种基于实验性的体内磁共振实验方法论，其结果是由代谢控制理论来分析的，而今代谢控制理论已经被吸纳为系统生物学的一个成分。为了充分满足系统生物学的目标，如以分子属性解释系统属性，修尔曼方法要求系统属性以物理学的形式来描述，包括已经确定的化学成分或反应过程。在此过程中，因果机制可以从分子层次追溯到系统层次。修尔曼对"物理还原论哲学"的观点或立场的坚持是旗帜鲜明的。他宣称：以非物理形式定义的系统属性不可靠，因为与这样描述的系统属性相关的分子，回避了因果关系等实质性问题。问题的核心在于，唯有以物理学事实作为基础事实才是可靠的，对于严肃的科学研究才是有价值的。即使对于生物学研究来说也是这样。

修尔曼定位于"物理主义"的观点是没有问题的。至于叫作还原论或非还原论，那只是命名的习惯问题。如果你喜欢强调"追寻物理基础"与还原论思想紧密联系以至于不可分割，那么在这种意义上叫作"物理还原论"也未尝不可。然而，大多数学者更习惯把承认生命现象可以"追寻物理基础"却又无法完全归结为它的物理基础叫作"物理主义非还原论"。

罗森伯格在《生物学中的还原论（和反还原论）》一文中对物理主义作出了清晰的界定。他说："还原论者提出的是物理主义的论题，认为所有事实，包括生物学事实，都由物理或化学事实所确定；不存在非物理事实、状态或过程……"并且认为，这一物理主义论题"得到还原论者与反还原论者共同认可"。[6][7]依我看，这种"共同认可"就是造成还原/反还原名称上歧义的根源。

罗森伯格对还原论与反还原论各自的全部优缺点了如指掌，因此他对还原论与反还原论任何一方都不愿意绝对肯定或否定，他不愿意非此即彼地选择"单边主义"，许多人因此困惑不解。从实质上看，罗森伯格的那种"中间路线"立场，只是认识到彻底还原论与整体论有可能融合的前奏曲。有了系统生物学，回头再看罗森伯格在《生物学中的还原论（和反还原论）》中的犹豫也就不难理解了。

三、生命的涌现性质可计算吗？

韦斯特霍夫和凯尔（Hans V. Westerhoff 和 Douglas B. Kell）也是《系统生物学哲学基础》的作者。他俩提出了人工生命的新命题，"生命是可计算的，可以用计算机模型加以捕捉"。[2], p.46 "生命可计算"这个论题真有点像阿基米德要"撬动地球"的豪言壮语，具有震撼人心的力量。那么，它在什么样的、比较合理的意义上可以成立？

上文中讨论到的"硅细胞"模拟方案，就是"人工生命"的一种形式，也就是借助于计算机技术认知生命的一种形式。从关注组分分子的个体行为的意义说，它是彻底还原论的，却又是与关注系统的整体功能行为的整体论兼容的。在代谢网络中真实起作用的所有分子都用计算机复制表示，运作规律是每一种酶的速率方程和反应方程，其参数值由实验确定。借助于这些常微分和偏微分方程就可以计算生命过程的活动；计算"生命力"，这件事具有非凡的科学价值。[2], p.46 说起偏微分方程，在"数学物理方法"研究中，最典型的是"拉普拉斯方程"，它又与拉普拉斯的"严格决定论"紧密联系在一起。首先，拉普拉斯方程给出了所研究对象演化的一般规律，然后再给定初始条件和边界条件，于是乎方程的解就可以严格地确定下来了。拉普拉斯把这一思想从数学推广到全宇宙，就得到了"严格决定论"。几个世纪以来，微分方程建模在物理类科学和工程技术领域的巨大成功，容易给人造成极其错误的印象：比较极端的决定论者误以为，而今系统生物学模型中的一切，也都可以像物理化学实体那样精确地表述。然而，更多的人却加入了怀疑论者的行列，他们感到困惑的是，对于生命这样的复杂系统，严格决定论还管用吗？

不过，系统生物学家却比一般读者乐观得多，细胞过程（包括细胞内和细胞间）的高度复杂性促使建模成为一个"简化复杂性"的十分有效的方法。在他们看来，尽管"严格决定"是不现实的，但在限定条件下对"近似决定"还是有信心的。系统生物学的数值实验确实取得了不少实际的进展。他们相信，在用计算机模型捕捉生命过程中的特性时，定量化、参数化能起积极的作用。对于生命现象，由于复杂性非线性相互作用的结果对条件变化比常规场合具有更敏感的依赖性，新性质是否能突现完全取决于参数值的具体数量级，因此对具体条件的刻画需要高度精致化。这样的话，数学和数值实验（例如"硅细胞模拟"实验）对系统生物学的重要性，也就远远超过分子生物学的定性分析。我们说用微分方程就可以计算"生命力"，意思是说在计算机里能构建一个理想化的"硅细胞"，用以展示真实细胞的主要特性，包括在动态过程中涌现出来的特性。在这里，"虚拟实在"的认识价值就突显出来。乔天庆在《计算机与世界》中，把计算机模拟看作认识的新形式，并且把虚拟实在的基本特征提炼概括为确凿性、可能性和"不能性"。笔者在为该书所作的序《计算机革命的哲学新意》（序言2）中进行再解释并分别举例：确凿性——海湾战争表明，战前的虚拟飞行训练在战时成为有效经验；可能性——使潜在可能性在虚拟实在中梦想成真；不能性——许多现实中做不到的思想实验，如自由落体、无摩擦惯性运动，还可以补充埃舍尔怪画中的"矛盾空间"。[8]

看来，科学概念、科学思想、每一个重大进步难免都要破除成规。在系统生物学中，涌现的特性，本质上不同于分子孤立存在时的任何属性，而关系到系统全局的性质，当然是全新的属性。[2], p.245 这里的新情况是：涌现（突现），以往曾被定义为"不可还原的特性"。因此，原先以为，"可计算的性质"就不是涌现的性质。可是，说它完全不可还原、不可计算的话，未免太简单化、绝对化了吧。为了更合理、更切合实际，应当对原有定义做些调整或修正：退一步说，涌现性质是按线性叠加方式不可计算的。因此通过对系统组分性质的线性叠加计算得到的性质，就不能叫涌现性质。然而，生命却可以用计算机模拟（"硅细胞"模型）加以捕捉，加上恰当的参数值和边界条件，结果是相对地可计算、可预测的。那么，如果比较确切地说，生命（的涌现性质）在什么样的、比较合理的意义上说可计算呢？回答是，在有基本的非线性相互作用的系统中，涌现性质从原则上说是可以计算的。进一步说，在组分中未曾出现过而在系统中产生的性质，有资格称作涌现。于是可以简明扼要地概括为一个抽象的公式：生命的涌现性质＝按线性叠加方式不可计算＝按非线性叠加方式有条件地可计算。请不要误解，其实我们并不赞成"强计算主义"，决不相信宇宙运演的规律会满足严格的"图灵可计算性"之类。笔者在对郦全民《用计算的观点看世界》（中山大学出版社2009年版）进行再诠释时指出，计算主义的方法论意义在于，计算机模拟实验可以用来研究实际系统所呈现的现象和规律；自然生物的生命过程可以看作生物大分子以分子算法为组织原则进行信息的存储、复制和变换的过程。我们认为，这种"弱计算主义"观点还是可接受的。[9]

　　一般人一提起复杂性，就会马上联想起"不确定性""不可预测性"和"不可还原性"，诸如此类，难道复杂性真的就没有章法可循，再也找不到方法论的启示原则了不成？其实不然。笔者曾在《对复杂性研究的一种辩证理解》[10]中回答过这个问题。面对复杂性科学，经典的固定范畴已经不顶用了，必须使用辩证逻辑流动范畴的新眼光来看待有关复杂性的基本概念。尽管整体"不可还原"，但并不排斥局部可还原，"不确定性"并不意味着绝对的不确定性，因为其中仍然可以包含某种确定性。复杂性系统在整体上不可精确预测，然而局部上却是可预测的（最典型的是天气预报），更具体地说，在"模拟（迭代）"意义上有条件地可预测、可推导，甚至在计算机实验中涌现的动态过程可观察。[11]复杂系统的涌现现象尽管具有某种"不可预测性"，却可以通过迭代方法加以模拟，甚至借助于计算机模拟实验对涌现的"最有特征性的过程"进行"实地观察"，以便寻找其中规律性的东西。"模拟迭代"实质上是一种非常特殊的到事件即将发生前夕（几步之前）才能预测的逻辑可推导性。[12]"非模拟不可推导"是美国学者贝多提出的概念，其主要特点是，"将涌现的不可还原性弱化为本体论上某种特定方式的可还原性"。[13]笔者认为，这种"非模拟不可推导性"或者有限制性的"模拟（迭代）可推导性"，具有非常深刻的认识论意义。在计算机人工智能领域、生物学哲学乃至心智哲学领域，它都能够给理性主义者、可知论者和乐观主义者很大的鼓励。上述道理，对目前的"硅细胞模拟"，同样适用。这些说法都是有着充分的科学根据和丰富的经验内容的，决不是一句空话。其实，这里已经包含着有关复杂性方法论、认识论的辩证哲理之精华。

在生物学哲学研究中，笔者一贯主张将系统科学思想贯彻于生物学理论的解读。笔者曾在2001年10月的国际会议上首次提出《系统科学：生物学理论背后的元理论》的新思想，[14]并且2003年版的《生物科学的哲学》一书的前言中加以重申。[15]文中明确得出了这样的结论：实际上，整个生物学哲学的奥秘就在于系统科学，系统科学可以看作生物学理论背后的元理论。笔者深化了赫尔（D. Hull）在《生物科学的哲学》（*Philosophy of Biology Science*，1974）所提倡的对生物目的性做控制论解释的思想，并推广到更一般的系统科学解释。在《迈尔的"生物学哲学"核心思想解读——从复杂性系统科学的视角看》中，笔者用混沌边缘的"非线性放大"来解释迈尔的"边缘成种理论"，提出"自然选择"属于西蒙的"满意决策"，而非"最优决策"。[16]我们认为，系统生物学的产生，很好地印证了"系统科学可以看作生物学理论背后的元理论"的思想。

参考文献

[1] 吴彤. 复杂性的科学哲学研究[M]. 呼和浩特：内蒙古人民出版社，2008：1.

[2] F. C. 布杰德等. 系统生物学哲学基础[M]. 孙之荣等译，北京：科学出版社，2008.

[3] 张建军. 在逻辑与哲学之间[M]. 北京：中国社会科学出版社，2013，185-187.

[4] 邢如萍、桂起权. 系统生物学的非线性综合路径以及本体论分析[J]. 自然辩证法研究，2015，31（5）：104-109.

[5] 张华夏. 兼容与超越还原论的研究纲领[J]. 哲学研究，2005（7）：115-121.

[6] Rosenberg, A. 'Reductionism (and Antireductionism)in Biology' [A]. Hull, D., Ruse, M. *The Philosophy of Biology* [C]. Cambridge University Press, 2008: 120.

[7] Rosenberg, A., McShea, D. W. *Philosophy of Biology* [M].Routledge. 2008: 97-99.

[8] 乔天庆、陶笑眉. 计算机与世界——时代的春意和哲学新意[M]. 武汉：武汉出版社，2002：3.

[9] 任晓明、桂起权.计算机科学哲学研究——认知、计算与目的性的哲学省思[M].北京：人民出版社，2010：序言.

[10] 桂起权.对复杂性研究的一种辩证理解[J].安徽大学学报，2007，（3）：27-32.

[11] 颜泽贤、范冬萍、张华夏.复杂性系统科学——复杂性探索[M].北京：人民出版社，2006.见金吾伦、桂起权、吴彤的"封底评语".

[12] 范冬萍.复杂系统突现的动力学机理——复杂性科学与哲学的交叉视野[D].华南师范大学：2005.

[13] 范冬萍.复杂系统突现论[M].北京：人民出版社，2011：216-217.

[14] GUI Qiquan, REN Xiaoming. *System Science: the Meta-Theory of Biological Theory* [R]. The 2001 International Conference on System Science and Constructive Realism, Beijing, 22-24 October. 2001年10月24日的会议报道，见百度网.

[15] 桂起权、傅静、任晓明.生物科学的哲学[M].成都：四川教育出版社，2003.

[16] 桂起权、傅静.迈尔的"生物学哲学"核心思想解读——从复杂性系统科学的视角看[J].科学技术与辩证法，2008，（5）：1-7.

复杂系统突现研究的新趋势

董云峰　　任晓明

复杂系统具有多极结构。西蒙（H. A. Simon）基于自然（和人工）进化的变异—选择观解释复杂系统的层级架构，即组成部分以自然的交互作用结合在一起，进而创造出各种集合。在这些集合中，稳定的集合"存活"了下来，而其他集合需要继续进化。稳定的集合形成了"自然选择的整体"，它们不把功能作为建筑模块，而是结合到高阶的集合中，然后再重复同样的过程，从而形成了分级结构的复杂性。西蒙想用这个模型表明，突现的多级系统比复杂性的两极系统出现的概率更大，即在两极系统中，所有组成部分必须"井井有条"，否则在自然变异机制增加缺失的组件之前，集合将变得不稳定。在多极系统中，只需要少数成分"井井有条"就能形成稳定的模块，这些模块的一部分再次递归组合，形成更高级的模块。很显然，井井有条的成分越小，随机组合的概率越大。

然而，也有一些例外的情况，不分等级的复杂系统仍然可能存在。例如，大部分高分子化合物由简单、线性的多分子两极集合形成。自组织模型能解释这种非模块的、两极系统的突现，这样的过程通常有非线性、自催化机制的特征，不怎么稳定的集合增加了让其他成分加入集合的可能性，从而使其变得更加稳定。正反馈的过程不需要模块的中间层。突现的稳定结构就像"吸引子"，能够影响相邻的结构，使它逐渐走向稳定的结构。显然，西蒙的分级模型和自组织的"非线性"模型，只能描述突现的部分特征。真实的复杂系统，同样有经过分级的多极层面，也有非线性的二级层面。然而，这样的系统中不只包括整体的层级或非线性的组织，还有子组织和子系统。理解这样的复杂性架构，需要说明在什么规则的作用下，新的系统结构从复杂性的层级中突现？

一、复杂性科学解释突现的变异—选择原则

描述生物进化的自然选择理论，可以简单地视作系统的进化。它探讨的是系统的变异和环境给系统的"选择压力"，即系统的结构只有适应环境才得以维持。进化系统类似于问题解决者，通过尝试（或变异）寻找问题的答案，只要系统的适应性不是最佳的，就需要解决问题。不稳定性越强，问题也越大，在获得新的平衡之前，系统将发生变异。在自然选择过程中，只能通过中间阶段解决问题。与问题求解相比，进化不是最终的解决方案，当系统的进化过程改变了环境，它就无法以最佳的方式适应环境，需要重新适应。在进化过程中，每个过程的目标都是另外过程的子目标，以此类推，子目标就成为进化过程的重要特征，相当于稳定的突现系统。另外，进化一般是并行或分布式的，受这样的结构限定，系统与环境之间没有绝对的区分。由此产生的后果是，自然选择不再是环境的选择。要规避这个问题，可以考虑把以并行方式进化的整个系统，看作整体化的系统。在这种情况下，自然选择就是整体系统的变异产生的整体上稳定的配置。这样一来，就用内在的选择替换了外在的选择，即内在结构只要稳定就能维持系统，不需要考虑它对外在环境的适应性。虽然实践中不存在绝对整体化的系统，每个实际的系统仍然包含内在选择与外在选择，但是我们可以通过更大的、更加整体化的系统，把外在选择还原为内在选择。适应性可以还原为一个子系统（初始系统）和

另一个子系统（初始环境）之间的稳定关系。例如，影响植物自然选择的外因是维持生存的二氧化碳的数量。这个因素可以看作"边界条件"——对植物自组织过程的环境限定。从整体的视角来看，二氧化碳不是已知外在条件，而是其他系统（动物和细菌）适应环境的产物。这样的系统取决于其他的选择因素——植物产生的氧气。由此，这样的适应过程，可以视为整体化的生态通过内在的自组织导致的对稳定循环的选择，即二氧化碳转化为氧气、又产生二氧化碳。我们还可以用内在选择与外在选择解释变异。内在的变异是系统的内在部分变化的过程，如基因染色体中的突变。外在的变异是系统与环境之间关系的变化，如有性生殖中染色体的重组。总之，从外在视角观察的事物，也可以用内在视角来看，反之亦然。这种解释策略需要整合突现和自组织，强调自组织作为设计规则的作用。

二、人工生命解释突现的变异—稳定原则

1.自组织繁衍是人工生命的基本属性

在第二次世界大战期间，罗伯特·奥本海默、恩里科·费米、汉斯·贝特、理查德·费曼、尤金·维格纳、冯·诺伊曼等科学家，在进行"曼哈顿计划"的过程中，开始探讨复杂性问题，使用计算机模拟复杂系统。冯·诺伊曼亲自设计出计算机解决实际问题，研究细胞自动机和自我繁衍（self-reproduce）的机器。虽然在20世纪50年代早期，他就提出了形式化细胞自动机的设想，但数学家斯塔尼斯拉夫·乌拉姆，最早开展了设计存储程序的计算机的相关实验，探索遵循递归规则、具有二维和三维几何特性的生长模式。因而，我们通常把乌拉姆看作人工生命研究的真正奠基者。复杂性是人工生命的核心概念。在乌拉姆的启发下，冯·诺伊曼设计出第一个细胞自动机模型。他主要研究人工生命的繁衍过程，寻找非微不足道的（non-trivial）自我繁衍所需的充分的逻辑条件。在他所描述的机器人的运动模型中，在水中的机器人通过组合全部构件来摹仿自身的浮动。冯·诺伊曼成功地说明了繁衍

的方式，却无法解释机器人运动的原因。于是，他放弃基因层面的模拟，而是采用乌拉姆的方法，只从中提取自我繁衍的逻辑形式，即首先把自我繁衍描述为逻辑序列，再用通用图灵机进行自我繁衍的操作。冯·诺伊曼构想的二维的细胞自动机，带有29种可能的状态。当前的细胞与毗邻的4个正交的细胞之间的规则转换，产生出每个细胞的状态。根据这种情况，他提出了4条非微不足道的自我繁衍的原则：第一，系统的自我描述不涉及自身。这条原则避免了执行自我描述时无限的"回归"。按照这条原则，自我描述可以是未解释的系统模型，也可以是对系统的编码。第二，系统只要有管理单元（supervisory unit），就能执行任何计算。这条原则用于解释繁衍过程中自我描述的两个方面。第三，系统只要有通用构造器（universal constructor），就可以在细胞空间中构造已描述的对象。第四，通用构造器按照管理单元的指令，构造系统的新副本，自我繁衍包含系统的自我描述。[1]冯·诺伊曼用逻辑原则解释生命的主要特征，而阿瑟·勃克斯则对EDVAC进行逻辑设计。冯·诺伊曼从自然的自我繁衍中提取逻辑形式，自然成为人工生命研究的先驱者。20世纪70年代，约翰·康维基于细胞自动机改造乌拉姆和冯·诺伊曼的方法，设计出"生命游戏"，说明复杂世界如何从简单规则中突现。在他看来，当前的细胞和相邻的8个细胞使用两种规则，是产生细胞状态的原因。生命的规则很简单，只要"活"细胞的数目为3，当前的细胞在下代细胞中"存活"；而"活"细胞的数目为0、1、4、5、6、7、8中的任意一个，当前的细胞就无法在下代细胞中存活。1965年，勃克斯的学生埃德加·科德简化了冯·诺伊曼的细胞模型。1984年，勃克斯的另一个学生克里斯多夫·兰顿在科德的"周期性发射器"（periodic emitter）基础上设计自我繁衍模式，证明了通用的构造能力不是自我繁衍的必要条件。他的自动机只有8种细胞状态，这些细胞是细胞在空间中繁衍的复制数据，也是依据转换规则进行操作的指令。初始结构只需要151个时间的步长就能成功地繁衍自身。另外，每个"回路"都以类似的方式繁衍自身，扩展"回路"的集群。这个实验表明，细胞动态过程的成分依据基因特征编码，而动态过程是"计算"发展过程中遗传表达的原因。

从复杂系统科学的视角看，使用计算机模拟复杂系统研究细胞自动机和自我繁衍的机器，实际上是一种人工生命的自组织繁衍研究；从这个意义看，自组织繁衍是人工生命的基本属性。

2.人工生命是突现的科学

传统科学的基础是还原论的分析方法，按照这种方法，系统是由简单部分组成的结构，任何事物都可以分解为更小的部分。但是，这种方法无法解释复杂系统，由于复杂系统具有突现属性，一旦分解系统就会丧失突现属性。突现现象在科学中随处可见，在宽泛的意义上，任何系统都有突现属性。解释这些科学现象需要新的研究框架，综合方法恰好可以作为分解方法的补充。

人工生命的综合方法包含两个方面：（1）提取生物体的逻辑规则；（2）用计算机实现这些规则。经过这两个阶段，就可以得到有类生命属性的人工系统模型。这种研究方法有两个基本的假设：（1）把生命看作物质的组织属性。或者说，生命是形式属性，而不是物质本身；（2）复杂的属性从简单过程的交互作用中突现。从形式上可以将人工生命划分为微不足道的（trivial）与非微不足道的（non-trivial）两种系统。[2]具体来说，第一种系统包含所有人工模拟的生物体；第二种系统包括数学模型、概念模型和物理模型。第二种系统还可以进一步分为三种类型：（1）用生物化学合成技术获取物质系统的类生命特征；（2）一种研究机器人的新方法；（3）虚拟的生命，即有突现属性的计算机程序。这些形式的可能性取决于解决弱人工生命—强人工生命，或者说生命—身体的类比问题。[3]功能论者从人工生命的角度看自然生命。在解释心理时，通常不考虑思维系统的物理细节，把生命属性看作多重实现。然而，多重实现也有缺陷，只要减少实现的数量，功能论就会导向同一论；而生命的概念过于抽象，也会导致二元论或活力论。最好的方法是采用适度的功能主义。

从方法论上来看，这些研究主要涉及以下方面：[4]（1）细胞自动机。主要研究复杂性的建模问题。细胞自动机实质上是一些具有离散状态的细胞。细胞状态根据转换规则，经过离散时间产生变化。转换规则把当前的细胞状态与最亲近的细胞状态结合起来。多数情况下，所有的细胞使用平行和同步的迭代算法（iteration algorithm），或使用随机和非同步的迭代算法同时更新。自我繁衍是细胞自动机最重要的研究问题，涉及冯·诺依曼、兰顿和沃尔弗拉姆（S. Wolfram）的研究。（2）人工胚胎学。主要研究生命系统从单细胞发展为完整组织的能力。这项研究的基础是分形几何，通过这个工具说明复杂的类生命形式如何从简单的递归过程中突现，典型的研究有林登麦伊尔（A. Lindenmayer）与普鲁辛凯维奇（P. Prusinkiewicz）的L系统、道金斯的生物形态。（3）进化计算。主要研究自然选择的进化规则的计算问题。这项研究中应用的主要是霍兰德（J. Holland）的遗传算法。遗传算法用于解释如何从母体（parent population）中生成适应环境的变体。通过使用遗传算子生成变体，能够解释遗传表型的基因特征的突变与互换。如果按照基因分类器（Genetic Classifiers）使用遗传算法，还可以解决机器学习的问题。另外，使用遗传编程，还可以解释自我完善的计算机程序如何突现，即依据自然选择编写计算机程序。（4）自催化网络。主要研究生命的可能起源与原始生命的进化模型。在这个网络中，节点被看作特定的RNA序列，把弧定位为催化的交互作用。相关的研究有超循环理论。（5）计算的生命。主要研究计算机程序的设计。这项研究只展现类生命的行为，不模拟已有的生物有机体。尽管计算机的处理方式与自然生命不同，它也有繁衍、与环境交互作用及进化的能力。例如Tierra程序以及计算机病毒。（6）集体智能。主要研究分布式人工智能和多主体系统。这项研究并不遵循自下而上的方式。典型的研究涉及蜂群网络、蚁群算法以及进化神经网络的实现。（7）进化的机器人。主要研究自主机器人的设计。例如，用有反应能力的分层体系结构设计机器昆虫、小规模的机器人群体的集体行为、使用进化规则分析机器人的控制结构。（8）可发展的硬件设备。主要研究硬件进化的实现。这项研究涉及硬件的自我修复和自我繁衍、新传感器的设计等。由于硅元素缺少某些用于进化的基本特征，要获得自适应性，只有采用类似于FPGA（Field-Programmable Gate Array）的技术，或是采用遗传编程的方法。（9）纳米技术。主要研究自然生命或新有机体相关的合成过程。费曼（R. Feynman）开创了这项研究，他在1959年主张在分子层面微缩和扩展工业制造能力，以此创造人工生命。（10）生物化学合成技术。主要研究RNA繁殖的体外实验、原始人工生命形式、RNA链的合成和进化、自催化的反应以及渗透性的生长等。[5]

这些研究都强调"突现"这个核心概念，即整体性的行为和结构通过各个组成部分的交互作用产生，但不作为组成部分的行为和组织的原因。在这个意义上，人工生命就是突现的科学。

3. 从"变异—选择原则"走向"变异—稳定原则"

"我们可以用不同的尺度观察系统，这些尺度就像是抽象的层级，只要知道系统的某个层次，就可以把系统想象为某个结构网络，进而推导出下级层次。比较这两个层次，低级层次的结构众多，但类型很少，而高级层次的结构较复杂，类型也很多。所有的层次组合在一起构成了一个复杂性的层级。在这个抽象的模型中，可以把系统的结构理解为粒子、分子、生物体、信息、符号等。同一层次上的结构，通过与其他结构的连接获得自己的属性，它们之间的动态交互作用产生了新的动态结构。这些新结构，再以同样的方式获得新属性。由此，我们可以在一个虚构的附属层次上定义突现属性，这样一来，就可以把这些属性还原为系统结构的局部组合，进而用更形式化的方式定义它。我们还可以用这样的模型描述比较大的系统，如宇宙。"[6]把夸克、粒子、原子、分子、生物大分子、细胞、生物体看作不同层次中的元素，某个层次中的元素都可以通过组合构成上级层次中的新元素。这里面也有特殊的情况，如氦原子非常稳定，它没有与其他原子的"链接"，而碳原子却有四种"链接"。由于碳有较强的交互能力，它是每个大分子结构都不可或缺的元素，并成为生命的物质基础。既然如此，在什么规则的作用下，新的系统结构从复杂性的层级中突现？"这样的规则包含变异和稳定的系统过程。这些过程在所有层次上并行发生。在任何层次上，结构单元都有许多不同的配置。在产生热力学变动的时候，确定的描述开始远离平衡的过程。这些变动致使结构单元的配置发生随机变异，而变异形成了许多瞬态的结构，它们与更高的组织层次相关联。某些瞬态的结构之所以稳定，是因为它们适应了环境，并且它们的结构属性就包含在稳定的过程中。这些新结构形成了新的复杂性层次。"[6]稳定的过程演变为四类相变的行为：一是固定和同质的状态；二是简单的周期结构；三是无序的周期结构；四是复杂结构。[7]兰顿认为像生命系统这样的复杂结构，应该维持在有序与无序的相变"临界点"上，避免任何一种最终结果。稳定过程的基础是生物细胞的自组织，如自创生（autopoiesis）。在自创生的基础之上，我们可以面向组织（organization-oriented）定义极小生命。在这种情况中，达尔文的"自然选择"的变异—选择原则，只是变异—稳定原则的特例。这两个原则之间有两个重要的差异：（1）稳定过程不是优化方案。自然选择优化了生物的适应功能，使其在竞争资源中占据优势，但结构稳定的过程，从整体上满足环境的约束条件。例如，瓦雷拉等人提出的自然漂变命题（natural drift proposition）就是一个满足过程，而不是优化过程。（2）所有层次在分级模型中交织在一起。环境由所有层次的所有结构组成。从局部到整体，再到局部的内在层次，这样的反馈回路对生命至关重要。[7]

三、汇聚技术的启示：弱化自组织的作用

人工生命系统展示了生命开放式进化的发展方式，但Tierra世界中的数字进化却不是开放式的，因为Tierra生物的复杂性低，进化的变化不多。对此，汤姆·雷（T. S. Ray）试图扩大Tierra的环境来增加异质性。他发现Tierra生物通过互联网，从一台计算机迁移到另一台计算机上，寻找未使用的资源及局部的生态位，从而进化为新细胞。在执行复杂的环境计算时，改良Tierra将增加预期的遗传复杂性。然而，对于原始版本的Tierra来说，这样的进化是有限的。

按照希利斯（W. D. Hillis）的观点，协同进化能推动进化性进步。协同进化的"演化军备竞赛"通过改变环境来推动进化。即使这样，原始的Tierra与改良的Tierra也都需要协同进化。发展开放式进化，需要对人工和自然的进化系统做定量比较。从贝多（M. A. Bedau）和帕卡德（N. H. Packard）的数据来看，存在不同性质的进化动态，未知的人工系统生成了生物圈所展现的进化动态。总之，生命的进化不断地创造出新的环境，而这些环境又赋予生命新的适应性。然而，目前用变异—稳定原则解释复杂系统进化机制仍有局限。

汇聚技术的出现为我们提供了新的视角，即把自组织看作一个建构的过程。按照迪皮伊（J. P. Dupuy）的观点，认知科学引导汇聚技术定位失控的程序。[8]自组织作为自发过程，也涉及控制问题。虽然自我复制的机器不会有真正的危险，但自组织是一个建构的过程。长期以来，自组织只是委托（delegation）人工任务的一个步骤，但在授权机器的逻辑运算之后，应该授权机器的自我建构。实现这个目标有三种自组织的策略：（1）混合（Hybridization）的策略，即使用生命系统的建筑模块（building blocks）制造设备和机器。（2）仿生（Biomimetics）的策略，即赋予人造物模仿的性能。（3）整合（Integration）的策略，这个策略是对前面两种策略的综合。这三个策略假设人造物与自然系统有某些相同的特征，可以用机器隐喻描述生命系统。但是这样的隐喻操作有两种不同的方式：（1）使用技术词汇表，把生物体描述为机器；（2）把设备和机器描述为有机物。在20世纪70年代，法国哲学家康古兰（G. Canguilhem）就发现，生物与机器的类比总是用技术术语描述生物体。[9]现在的问题是，机器能否像人类那样进入生活世界？

第一种策略：机器的自组织以生物进化的选择方式使用结构和设备，由此可以把活体细胞视为分子机器（molecular machine），如分子生物学家把DNA、RNA、酶、蛋白质描述为纳米机器，材料化学家建设分子发动机和分子转子。生命系统也被看作分子的制成品。我们期望通过模仿自然，设计出维持生命的高性能结构，但是成功的概率很低，更可行的方式是设计自然提供的建筑模块——蛋白质、细菌、微胶粒（micelles）或胶质。合成生物学通过应用工程学的方法，发展出混合的对称策略，把生物过程分解为它的元素。基因片段被当作操作单元，把这些元素装配为模块。最终的目标是产生一个独立和可交换的部分，用于执行特定的功能。总之，任何功能无法指定给某个特定的单元。如果自组织不是一个设计规则，那么，它既是集体行为，也是自发行为。

　　第二种策略：自组织的作用推动了材料学家和生物学家的合作。模仿生物的自组织，不只是复制一个模型，也决不意味着在所有细节上都复制原件，而是选择模仿生物材料的本质部分。通常，它们的模型不是生命系统，而是工程操作的局部模式。我们无法从实验室中精确地复制这个模型。化学家的实验条件与自然条件不同，他需要高温、低真空和有机溶剂。由此看来，自然给予我们的只是启示，而不是模型。建立自组织至少需要两个条件：（1）可逆性是重新调整部分的关键；（2）信息必须包含在反应物中，在这个成分中编码，而不是由外在程序提供。

　　第三种策略：整合技术是蒙泰马格诺（C. Montemagno）发明的一种程序，他的目的是把生命与非生命的系统混合在一起，用人造设备模仿细胞膜或肌肉。这样研究主要集中于自生物医学的应用，它的目标是通过广泛使用分子交互作用的自然模型和分子集合，创造出具有突现能力的系统。细胞膜具有多重功能，从而成了这个程序的关键因素，即它决定着空间组织，提供电流、感觉和运送信息、探测特殊分子。在此基础上，可以设计人造细胞膜，可以在生物意义上处理信息，也可以对环境做出反应。

　　这些自组织基于不同的自然观。在"混合策略"与"整合策略"中，自然是一个独立设备的集合或人造机器。在"仿生策略"中，自然是依赖于"特定物理学"的系统。混合引起了制造过程，它需要一个设计者严格控制这个过程。整合策略也需要一个设计者构建系统，表现突现属性的功能。但在第二个策略中，仿生的自组织是一个盲目创造的过程，它的组合和选择缺乏外在的设计。即使仿生化学家按照设计的自组织进行操作，也无法保证控制所有的步骤。可见，不同的自组织策略将建立在不同的哲学自然观之上。

参考文献

[1] Neumann, J. V., *Theory of Self-Reproducing Automata* [M]. Urbana: University Illinois Press,1966.

[2] Emmeche, C. 'Is Life a Multiverse Phenomenon?' [A]. C. G. Langton (Ed.), *Artificial Life III*, Reading, MA: Addison-Wesley, 1994.

[3] Sober, E. 'Learning from Functionalism-Prospects for Strong Artificial Life' [A]. Langton, C.G., Taylor, C. E., Farmer, J. D. and Rasmussen, S. (Eds.), *Artificial Life II* [C]. *Reading*, MA: Addison-Wesley, 1991.

[4] Langton, C. G.'Artificial Life' [A]. Langton, C. G. (Ed.), *Artificial Life* [C]. Reading, MA: Addison-Wesley, 1989.

[5] Taylor, C.E. 'Fleshing Out' [A]. Langton, C. G., Taylor, C. E., Farmer, J.D. and Rasmussen, S. (Eds), *Artificial Life II* [C]. Reading, MA: Addison-Wesley, 1991.

[6] 董云峰、任晓明. 论人工生命理论在认知科学范式转换中的作用[J]. 科学技术哲学研究，2015，32(2)：10-11.

[7] Langton C. G. 'Life at the Edge of Chaos' [A], Langton, C. G., Taylor, C. E., Farmer, J. D. and Rasmussen, S.(Eds.), *Artificial Life II, Reading*, MA: Addison-Wesley, 1991.

[8] Dupuy J. P. 'Complexity and Uncertainty. A Prudential Approach' [A], Allhoff, F., Lin, P., Moor, J., Weckert, J.(Eds.), *Nanoethics:Examining the Social Impact of Nanotechnology*, Wiley, NJ: Hoboken, 2007, 119-131.

[9] Canguilheim, G. 'Machine and Organism' [A]. Crary, J. and Kwinter, S. (Eds.) *Incorporations*, New York: Zone Books, 1992.

基因调控网络中的"信息"概念

——一种基于语境论的生物学信息认识

杨维恒

　　信息概念可以说是当代生物学的核心概念之一。从最初的分子生物学，到之后的进化理论、发育生物学等，生物学中使用信息概念的热情不断超越先前的图景。信息概念被越来越多地使用和讨论。但是，这也使得信息概念在当代生物学中的应用边界有着很大的差异。我们很难对生物学中信息概念的意义给出一个统一的定义。至少到目前为止，我们依然无法界定一个完整的信息概念，从而明确其在生物学中的语义性质。正如奥亚玛·苏珊（O. Susan）所言，将"信息"应用在生物系统中会面临很多的问题。[1]生物学信息概念面临争议的重要原因之一是它涉及"什么是普通生化实体的语义性质"。如果说储存性、误解、相关性、意向性等可以是基因的语义性质，而一般的生化实体又无法假定拥有这些语义性质，那么这些语义性质是如何被生物化学和分子生物学中的基因所集成拥有的？如果这些语义性质不归因于一般的分子和化学过程，那么为什么DNA和发育机制可以例外？因此自然就出现了一个问题——生物学信息是否如萨卡（S. Sarkar）等人所指控的那样，是一个空的或误导性的隐喻？但是，这貌似又是一个比较容易回答的问题。因为信息框架的引入对生物学理论确实发挥了重要的作用。而且对当代生物学而言，甚至当生物学家谈到"信息"概念时，也应该会认为它包含某种特殊的语义性质。然而，在超过某些基本框架时，例如从碱基序列到氨基酸序列的映射，人们又很难具体表达清楚"信息"的语义性质是什么。当然，我们不能要求生物学家和大部分人对文字分析有这么清晰的思考。但是，当我们仔细评判这个问题时，也会发现在语义特性归属的情况下，字面意义和隐喻之间很难有一个明确的或很好理解的边界。就像当我们讲"大脑是一台计算机"时，也很难分清是大脑确实有这样一个作为计算的东西，还是我们仅仅是在字面上这样表述。那么，如何尽可能地避免生物学中信息概念的争议，构建一个完整的信息概念？我们建议一种语境论的生物学信息认识。

一、生物学中的信息概述

目前，生物学中对信息概念的应用大致可以包括：（1）整个有机体的表型性状（包括复杂的行为特征）的描述都是由基因中的信息编码和指定的；（2）细胞内的许多因果过程的处理以及或许整个有机体的发育序列都是根据储存在基因中的程序执行的；（3）为了进化理论的目的，基因自身在某种意义上应该被视为由信息构成的。从这个角度看，信息就变成了世界的一个基本要素。[2]例如，弗兰克（S. A. Frank）在2012年提出自然选择的信息理论解释，认为"信息"为自然选择理论提供了一个信服的框架。[3]

我们知道，无论在生物学还是生物学哲学中，关于"信息"这些类型的描述一直都伴随着一些基础性的讨论。有的人认为信息概念在生物学中的使用是一个很重要的进步。而有的人则认为生物学中几乎每一个信息的应用都是一个严重的错误，因为它会将我们诱入基因决定论的歧途。同样，在这两种极端的观点之间，也有许多温和的观点认为信息概念在生物学中的某些使用是合法的，但并不都是合法的。此外还有一些人认为，生物学中信息语言的使用仅仅是一个松散的隐喻性用法，并没有真正的理论作用。戈弗雷·史密斯（P. G. Smith）在《生物学中的信息》一文中，对这些主要争论进行了概述，并指出信息描述在生物学中的使用是由三类因素促进的。第一类是基因和DNA没有争议的、真实的特征，尽管这些特征不足以引发一个详尽的信息描述。第二类是人们在日常的信息使用语境中，通过类比假设引导的方式在生物学中引入一个"因果图解式"（causal schematism）的信息使用。第三类是信息框架反映和加强了对界定基因及其相关机制合乎科学的重要特征方式的承诺。[2], pp.115-119 他认为这三类因素在一个语境敏感的混合状态下，指导了信息语言在生物学中的实际使用。

我们赞同戈弗雷·史密斯这种语境敏感的解释方式。¹因为生物系统是由结构性的多层次组成的。我们对生物领域现象的解释本身就是具有语境依赖性的。同时，目前的生物学理论对生物现象的解释都或多或少地存在着某些"隐变量"，想要更大程度地去挖掘这些"隐变量"，就要对特定理论中单一的因果关系进行具体的拆分，从而实现对生物学的全面解释。这也是我们的一个基本观点，即在语境论的基底上对生物学信息进行语义分析。因为只有这样才可以在各种复杂的、杂乱无章的解释项中，筛选出一个最优语境下的解释项，再通过语境化的过程建立一个最佳的理论解释。[4]

本文正是在基因调控网络的语境中，通过对信号系统的分析，展示了在这一语境下"信息"使用的合法性。尽管这与生物学中其他思考"信息"的方式不同。但是，我们通过分析这一语境下基因调控网络中信息是如何产生的以及基因与基因之间的信息传递是如何进行的，表明了信息概念在这一过程中使用的有效性，并进一步指出这里使用的"信息"是一种"意向性信息"。

二、基因调控网络中的"信息"

生物系统中有许多不同层面和不同组织形式的网络，例如，基因调控网

1　本文仅仅赞同戈弗雷·史密斯的这种语境敏感的解释方式，并不赞同他关于生物学信息有限合理性的解释。文章的观点将在最后一部分进行论述。

络、蛋白质相互作用网络、信号传导网络、代谢网络、生态网络等。其中，"基因调控网络就是一种基本且重要的生物网络。它是由一组基因、蛋白质、小分子以及它们之间的相互调控作用所构成的一种生化网络。"[5]我们首先来概述这一网络的框架。

简单地讲，基因通过RNA聚合酶转录成RNA链，然后这个RNA链被用来产生一个蛋白质。但是，RNA聚合酶必须和启动子相结合才能够起作用。而这个结合是由转录因子和DNA链上被称为顺式元件的一小部分结合后促进和阻止的。（如图1所示）

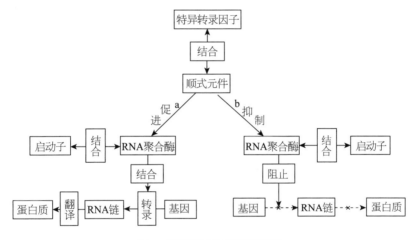

图1　基因表达的促进和抑制

转录因子蛋白质的形状只有同DNA链上碱基序列的形状相适应才能和顺式元件相结合。因此，特定的转录因子只能和特定的顺式元件相结合。许多转录因子会存在两种不同的稳定形式。当受到一些小分子如激素的刺激，它们就可以切换到活性形状，然后只有这个活性形状可以和特定的顺式元件相结合。所以，在细胞环境中，基因的转录是受局部条件影响的。若干顺式元件可以存在于单个基因之中，它们之间相互协调，和多种转录因子相结合，从而抑制或激活一个基因。一个转录因子可能会激活一个基因，而另外一个转录因子可能又会抑制这个激活。最终，由若干转录因子组成的函数决定了一个基因的转录。一个基因、一个启动子和若干顺式元件合起来，我们可以称之为一个基因开关。一个基因开关可以通过转录一个蛋白质去适应当前的环境，如产生血红蛋白或肌纤维。同样，也可以响应环境的状态（因为有些转录因子只有当环境中某种特定分子存在时才会和顺式元件结合），进行基本的信息处理。梅纳德·史密斯（J. M. Smith）曾经说道，如今基因向其他基因发送信息的观念，同40年前遗传密码的观念一样重要。[6]他这里所说的基因其实指的是调控基因。它产生激活或抑制其他基因转录的转录因子。与之相对应的还有结构基因，它产生在个体适应中直接发挥作用的蛋白质，如血红蛋白、肌纤维等。

一个基因调控网络从外部状态到行为的最终映射是由一系列的中间映射所决定的。每一个基因开关从环境或另一个基因开关的输出中，通过调控蛋

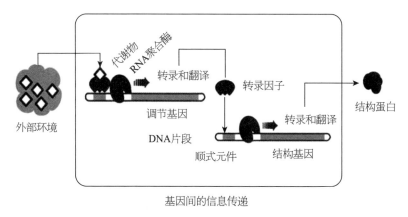

基因间的信息传递

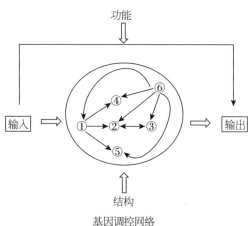

基因调控网络

图2　基因间的信息传递和基因调控网络

白质的转录去映射输入的信息。如果被转录的基因是结构基因，那么产生的蛋白质就去发挥直接的作用，像这样的基因开关就是接收者。如果被转录的基因是调控基因，那么产生的蛋白质作为转录因子可以向更下游的基因发送信号，像这样的基因开关就是发送者。当然，有些基因开关有可能既是发送者又是接收者，因为基因调控网络可以是由一连串的基因调控组成的。如基因1调控基因2，基因2又继续调控更多的基因。最终，在基因调控网络中就会形成基因开关之间复杂的调控联系。（见图2）

布莱恩·斯吉尔姆斯（B. Skyrms）在《信号博弈学：演化、学习与信息》一书中指出，当进化或学习导致了一个信号系统[1]，信息就被创造了。[7]基因调控网络同样如此。其中外部环境作为信息输入，转录因子是信号，基因调控网络构成了复杂的信号网络。它们使用一连串的中间信号去产生行为，从而适应局部的状态。在这个过程中，基因调控网络对外部环境——信息源，有一种特定的反应方式。基因开关作为接收者，通过功能的方式改变自身的状态，对这个信息源产生一种实际的反应。同时，作为信息源的外部环境的变化与作为接收者的基因开关之间有一种特定关系。这里有两点需要指出。第一，在基因调控网络中，从外部状态到行为的映射是由可修改的映射规则支配的。这个规则是由组成基因开关的顺式元件和转录成蛋白质的DNA序列决定的。DNA上的这些区域，即规则设置，可以通过突变被重新修改成不同的方式。每一个修改都可以改变支配开关的程序。顺式元件或转录成蛋白质的DNA区域的突变可以影响控制基因开关打开或关闭的程序。所以，突变可以影响控制单个基因开关的局部规则。并且，顺式元件区域中的突变可以影响这个基因开关响应的上游信号，转录DNA中的突变可以改变其产生的转录因子的形状，从而改变其发送的信号。最终，基因调控网络中局部结构的突变改变了它整体信息处理的能力。第二，在基因调控网络中，可以有很多不同的映射产生一个相同的结果。[8]

1　这里斯吉尔姆斯所说的信号系统为通常意义上的信号系统，包含发送者、接收者以及信号处理网络。他还指出对信号机制的研究往往需要超越由一个发送者和一个接收者构成的简单信号博弈，去研究由多个发送者和接收者构成的网络的信号博弈。

也就是说，只要从状态到行为的映射可以产生一个成功的行为，某个中间信号的细节并不重要。例如，在相关的个体中，可以有不同的转录因子完成相同的中间调节任务。这两点与一个信号系统也是相似的。

当然，类似于信号系统，基因调控网络不仅可以传递信息，它们也可以、也需要处理信息。因为，在这个网络中，发送者需要通过处理各种线索，才可能实现环境给它的确切状态，而接收者也需要对信号进行处理，有时可能需要对多个信号进行处理，才能采取适当的行为。

需要说明的是，我们这里讨论的信息，并不强调从发送者到接收者的信息传递过程中获得相关的逻辑。这一点不同于斯吉尔姆斯在《信号博弈学：演化、学习与信息》一书中所谈的信息。他更关注于是否能够在从发送者到接收者博弈的信息传递中获得一些逻辑。我们关注的是作用在一起的基因开关是如何整合信息，将外部状态映射到信号，然后将信号映射到行为。也就是说，应该从功能的角度去考虑基因调控网络中的信息，我们既不完全关注信息载体的进化，也不完全关注具体的最终反应。基因调控网络中的发送者可以是一个基因，如果需要更复杂的处理，也可能是一个基因的网络。一个基因调控网络可以从一系列的线索中整合上游信息产生单个信号或转录因子。同样，接收者可以是一个基因，也可能是一个整合信号产生行为的基因网络。

目前，系统生物学中对基因调控网络的研究主要包括两个方面：正向研究——已知网络结构，根据结构研究功能；反向研究——已知网络功能，根据功能研究结构。虽然当前从系统生物学的角度对基因调控网络有了大量的研究，但是对大多数真核生物基因调控网络的研究都还处于反向研究过程。即其具体的网络结构依然是一个黑箱或灰箱的问题。[5], p.1971 而对基因调控网络中信息和信号的研究有助于这些网络结构的白化。同时，今后的生物学研究还会走向进一步整合的道路，从可认识的简单网络模体到中等尺度的调控网络，甚至到真实的大尺度调控网络。[9] 而在这些基因调控网络中，信号系统中的信息概念都能够被清晰地使用。也就是说，通过信号系统的类比，在发育生物学中至少有一些"信息"是可以被讨论的。

三、基因调控网络中"信息"的意向性

在对生物学信息的语义性质进行讨论时，"意向性"问题往往是争论的焦点之一。争论的各方都同意，想要使信息概念具有生物学上特殊的语义性质，那么它应该是一种意向性信息，而非因果性信息。

信息概念大致可以分为两类：因果性信息概念和意向性信息概念。其中，因果性信息概念来源于通信的数学理论。在通信数学理论中信息指的是信号对信号源系统的因果依凭性，而这种依凭性是根据一组管道条件创造出来的。意向性信息又称为语义信息，这类信息最典型的承载物是人类的思想和语言。[10]它有许多重要的特征。在此，我们将通过两个最相关的方面去讨论基因调控网络中信息的意向性：（1）基因调控网络中的信息具有"指令性内容"；（2）基因调控网络中的信息具有语境不敏感性。

1.基因调控网络中的信息具有指令性内容

意向性信息很重要的一个特征是可以对事物进行错误的表征。而因果性信息则很难出现错误表征的可能。在讨论生物学信息的过程中，生物学哲学家会允许这种错误表征的可能。例如，保罗·格里菲斯（P. E. Griffiths）曾表示，生物学中的意向性信息具有的内容（所描述的事物）会与事实不相符合。[10], p.397但这种表述更加侧重的是意向性信息的"描述性内容"。如果想要突出生物学信息的特殊语义，我们认为还应该从"指令性内容"的角度去理解生物学信息。因为，具有"指令性内容"的信息不仅可以以某种方式包含"描述性内容"的信息，同时没有真假可言，只有是否被执行的问题。1

1　具有"指令性内容"的信息在概念上具有"去达成指令所想要达成目的"的成分，即便事实上这一目的并没有达成。例如，老师通知学生"明天上午去教室开会"，即便学生没有去开会，也不能认为这一指令是假的，只是它没有被执行。又如，基因A对应的表达产物为蛋白质A，即便基因A没有表达成蛋白质A，我们也不能认为基因A所具有的内容是假的。虽然具有"指令性内容"的信息没有真假可言，但是它同样可以对事物进行错误的表征。例如，基因A如果在转录、翻译等过程出现错误，完全可以表达成蛋白质B。

按照日常信息概念的类比，具有"指令性内容"的信息应该涉及"理解""意愿""执行"等一些"认知语言"的表达。那么，基因调控网络中的"信息"是否具有这一特征？正如前文所言，根据斯吉尔姆斯的观点，当进化导致了一个基因调控网络时，信息就被创造了。同时，有人还提出一旦进化创造了基因调控网络中一个带有信息的信号，这一信息应该就能在一个新的网络中被直接使用。[8], p.880 因此，从这个角度来讲，基因调控网络便具有可塑性。不同的环境可以产生不同的响应，特定环境下能够产生对机体最有利结果的响应将更可能被选择。通过选择的作用，可以产生一个具有不同行为能力的范围更宽的基因网络，以及不同的细胞类型和语境敏感的细胞行为。在这个过程中，信息的处理并不是"状态→信号→行为"简单明确的映射关系。信号处于上游和下游信息处理之间。对于上游信息而言，许多线索集成到一个明确的发育信号；对于下游信息而言，可能协调影响适应度的若干不同行为。为了通过进化产生这样的信息，就必须选择正确的基因配置，使得它们能够将多重的输入正确地处理成一个单一的信号，进而通过下游进一步被处理。显然，信号携带的信息在这个"正确配置"的程序中发挥作用。而这个"正确配置"的程序是直接被选择的。但是，细胞会同时执行许多动作，同样的信息可能又会在其下游其他程序中起作用。而这时，进化就可以指派一个信号，而不是再进化相同的信息处理。[8], p.887

我们知道，梅纳德·史密斯也从进化的角度讨论遗传信息的意向性。但是我们这里所关注的问题，与他所关注的并不相同。他指出，生物信息最重要的一个特征是通过自然选择或人类智慧设计的，在这个意义上是"意向性"的。[6], pp.189-190 他认为进化创造了 DNA 的特异性序列，使得这个特定序列能够指定一个特定的蛋白质。从而，他认为基因携带有关于蛋白质的信息。他关注的是信息的载体。而我们认为，在进化创造基因调控网络的同时，信息就被创造了。我们更关注的是这个功能性的系统，而不是信息的载体和具体的最终反应。只有进化选择的基因调控网络系统才能使信息源成为一个信息输入，而越复杂的基因调控网络就能构建越多的信息。也正是基因调控网络这个进化后的系统使得信息具有指令性。

正如梅纳德·史密斯所言,意向性的元素来自于自然选择,在这一点上基因调控网络同样如此。当进化创造了基因调控网络时,我们认为这一网络便能够"辨别出条件在何时是真的满足了"。[1]不可否认,我们不能使用认知语言对基因调控网络中信息内容的承受者——蛋白质、基因开关等进行描述。但是,一旦进化导致了一个基因调控网络的行程,那么网络作为信息的承受者便具有了理解的能力。

2.基因调控网络中的信息具有语境不敏感性

通常情况下,一个意向性信息一旦形成,那么它便具有语境不敏感性,即在不同的语境中都具有相同的内容。例如,当我们说一个人带有"同性恋基因"时,那么无论这个人是否因为其他因素不是同性恋,或者"同性恋基因"是否还在这个人体内,它始终都指向同性恋。[1]

这里有一个问题需要澄清——"语境不敏感性"与"语境论认识"之间并不矛盾。任何科学概念都只有与特定的语境要素结合才会产生具体的意义。一个完整的语境系统构成了科学概念意义实现的基础。但是,一个完整的语境系统可以处于不同的更大的语境系统之中,而对于这些更大的语境系统,一个完整的语境系统是可以具有语境不敏感性的。也就是说,一个语义承载单位会包含一定的语境要素,但是,稳定的语义一旦形成,它就可以具有语境不敏感性。即,意向性信息可以是对语境不敏感的,但意向性信息的解释是语境相关的。这里的"语境不敏感性"是一种语境论认识基础上的"语境不敏感性"。

具体到基因调控网络的一个例子是雄性果蝇翅斑的增加。2005年,贡佩尔(N. Gompel)等人对雄性果蝇快速增加的翅斑进行了解释。他们发现,

---

1 我们认为对分子生物学中"特征基因"术语的使用要有一种语境论的认识。分子生物学中使用"特征基因"术语,并不意味着某一性状会单纯归因于某一DNA片段。只有在基因表达的语境系统下,"某某基因"才具有意义。生物学家对某一特征基因的简单表述,也只是为了实验研究而采取的一种语言上的方便,而出现这种方便式的语言表述,在于他们有专业的技能对这种方便表述的科学内涵进行区分。在这一点上,不应该被基因的日常概念所误导。

在这个过程中，控制色素表达的基因开关的顺式元件区域发生了突变。然而，突变的基因开关并没有要求进化新的信息适用，而是使用现有的转录因子去控制翅端特定位置色素沉淀的表达。他们指出，"类似于这样的变化并不少见……翅斑的例子很可能提供了一个可以产生新的表达模式和特征的一般方式"。[12]也就是说，在基因调控网络中，一些突变允许新的基因开关使用现有信号的信息去实现一个新的适应任务。一个基因调控网络需要将复杂的上游输入映射到一个宽范围的细胞行为。在实现这个映射的过程中，基因调控网络对来自不同信息源的信息进行处理。基因开关的突变可以对这一处理过程进行修改。这种修改导致的语境变化与信息之间有很大的灵活性。即，基因调控网络中信息的实现依赖于基因调控网络的语境系统，当进化创造了一个稳定的基因调控网络后，其中的信息便具有了一定的语境不敏感性。

四、语境论的生物学信息认识

通过上文的分析可以看出，信号框架能够提供一种新的方式，将遗传信息与基因在发育生物学中发挥的特定作用连接在一起。但是，这需要我们从基因调控网络的层面，而不是单独的基因层面去思考。当从信号框架的角度去看时，基因调控网络中信息的使用能够填充信号系统中的每一个角色。信息的概念能够被清晰地使用。这也就是说，通过信号系统可以证明，在发育生物学中至少有一些"信息"是可以被谈论的。

显然，以上的讨论与生物学中思考其他"信息"（例如分子生物学中的遗传信息）的方式不同。其实，不难发现在许多不同的生物系统中都有不同类型的信息使用和处理。生物学信息的表达似乎可以在不同的语境下被不同地使用。[1]例如，"信息"在表观遗传、行为遗传和符号遗传等系统中的使用。

1　当然，生物学信息是否在所有的语境中都是合理的，又是另一个问题。

而对于生物学中信息概念的使用，我们建议一种语境论认识。即在不同的语境下对生物学信息的语义进行不同地分析。只要运用恰当，不同语境下生物学信息的使用都有可能是合法的。我们并不必然地选择某种生物学信息的认识观点，而是尽可能地对生物学信息的不同使用进行语境要素和语境边界的确定。

就生物学自身理论而言，导致生物学信息需要语境论认识的原因主要有两个。第一，生物学信息概念的使用具有明显的经验性。这种经验性使得信息概念具有很强的语境依赖性。例如，在分子生物学中，对信息概念的使用使得这一理论在满足物理、化学规则的同时，在理论结构上又表现出自身的独特性。此时，如果过分强调"信息"的经验应用就会带来语义性质的混淆；过分强调"信息"的语义性质又会削弱其对经验证据的解释和对具体实验研究的指导。如何尽可能保障信息概念在经验事实上的使用，又尽可能实现其在理论和语言层面的规范与整理？语境论的认识基底为这一问题的消解提供了一个平台。"在语境论的基底上，通过语义上升和语义下降的方法才能避免其在经验事实与概念争议之间两难选择的困境。"[13]第二，"就目前生物学理论发展的情况来看，根本无法找到一个完整的理论集合去实现对所有生物学领域的覆盖。我们对很多生物领域现象的解释都是具有语境依赖性的。"[4], p.169 生物学中的信息概念同样如此。不同生物理论中的"信息"本身就是在相应理论中语境化了的概念。我们不能否认每一个理论层面上的信息概念在某些条件下曾发挥过的作用。但是可以肯定的是，也无法通过对所有这些理论的简单叠加或整合来获取对自然的真实还原。想要最大限度地实现自然的真实还原，就需要对具体理论中的特定因果关系进行具体的拆分，这样才能实现对生物学信息的全面解释。这个时候，"立足于语境论基底上的意义构建，就是一种有前途的科学理论解释的方法。"[14]而现在留给我们的工作便是对不同生物系统中信息概念的经验和理论作用进行具体分析，从而构建一个语境论的生物学信息解释模型。这种语境论的"信息"意义的构建就实现了生物学信息的语义形成。

参考文献

[1] Susan, A. *The Ontogeny of Information: Developmental Systems and Evolution* [M]. Cambridge: Cambridge University Press, 1985, 24−25.

[2] Smith, P. G. *Information in Biology. The Cambridge Companion to the Philosophy of Biology* [M]. Cambridge: Cambridge University Press, 2007, 104.

[3] Frank, S. A. 'Natural Selection. V. How to Read the Fundamental Equations of Evolutionary Change in Terms of Information Theory' [J]. *Journal of Evolutionary Biology*, 2012, 25: 2377−2396.

[4] 杨维恒. 分子生物学中核心概念的语义分析 [D]. 山西大学 2014 届博士论文.

[5] 王沛、吕金虎. 基因调控网络的控制：机遇与挑战 [J]. 自动化学报，2013，12：1969−1979.

[6] Smith, M. J. 'The Concept of Information in Biology' [J]. *Philosophy of Science*, 2000, 67: 177−194.

[7] Brian, S. *Signals: Evolution, Learning, and Information* [M]. Oxford: Oxford University Press, 2010, 40.

[8] Brett, C. 'The Creation and Reuse of Information in Gene Regulatory Networks' [J]. *Philosophy of Science*, 2014, 81(4): 879−890.

[9] Wang, P., Lu, R. Q., Chen, Y., Wu, X. Q. 'Hybrid Modelling of the General Middle-sized Genetic Regulatory Networks' [J]. In:Proceedings of the 2013 IEEE International Symposium on Circuits and Systems. Beijing,China, USA: IEEE, 2013, 2103−2106.

[10] Griffiths, P. E. 'Genetic Information: A Metaphor in Search of a Theory' [J]. *Philosophy of Science*, 2001, 68(3): 394−412.

[11] Searle,J. 'What Is Language: Some Preliminary Remarks' [J]. *Etica & Politica / Ethics & Politics*, 2009, XI, 173−202.

[12] Gompel, N., Prud, H. B., Wittkopp, P. J., Kassner, V. A., Carroll, S. B. 'Chance Caught on the Wing: Cis-Regulatory Evolution and the Origin of Pigment Patterns in Drosophila' [J]. *Nature*, 2005, 433(7025): 481−487.

[13] 杨维恒、郭贵春. 生物学中信息概念的语义分析 [J]. 自然辩证法研究，2013，8：20−25.

[14] 郭贵春. 科学研究中的意义构建问题 [J]. 中国社会科学，2016，2：19−36.

系统生物学的方法论之争

王子明

　　源自博物学的生物学，在经历了实验生物学、分子生物学及进化生物学阶段之后，进入了系统生物学时代。[1]一般而言，人们将研究生物系统组成成分的构成与相互关系的结构、动态与发生，以系统论和实验、计算方法整合研究为特征的生物学称为系统生物学。[2]当人们意识到分子生物学毕竟不能根本解释生物作为整体的功能机制问题之后，具备系统哲学思想的系统生物学逐步成为生物学历史发展的选择。然而，系统生物学作为系统科学在自然科学领域的重要组成部分和生物学领域取代分子生物学的新范式，亟待建构其方法论。早在20世纪70—80年代，一批具有科学技术哲学觉悟的医学家和生物学家就已经开始酝酿、研讨系统生物学的方法论问题。他们清醒地意识到应该寻求科学哲学的帮助。这不仅因为解决方法论的问题是科学哲学所擅长的，也是因为系统生物学需要学科群的互动合作，在分子生物学背后的还原论哲学基础薄弱的情况下，系统生物学层面也十分需要科学哲学的参与。至此，科学哲学方法论的研究成为系统生物学哲学建构中最重要和最前沿的部分。然而，系统生物学在抨击分子生物学缺陷的同时，发现自己同时陷入了另一个困境，即应该如何展开研究和建构模型。我们知道系统生物学的研究方向是通过理解生物体的功能属性与行为（以各部分如何互动）而逐步形成的[3]。这不仅表现在系统生物学的哲学来源的历史和流派的复杂性，还表现为不同阶段科学方法论之间的混战，以及研究方向不同所造成的分歧。系统生物学方法论困境具体的根源在哪里？体现为哪些方面的问题？目前有哪些进展和启示？这一系列问题有必要进行哲学总结和分析。

一、困境的根源和现状

方法论是一门科学的基础。俄国生理学家巴甫洛夫曾指出："初期研究的障碍，乃在于缺乏研究方法。"[4]因此，新兴学科往往会在方法论方面遇到挑战，这是科学集体进入到系统和复杂科学体系所带来的后果。系统生物学哲学尤其具有这种特点。那么，导致困境的根源及其具体表现在哪些方面呢？

1.历史根源

如果要认真分析系统生物学方法论当前的困境，我们就一定要对其根源做一个总结。首先是目标的艰巨性。很明显，系统生物学方法论研究最终不能脱离生物的本体论而空谈。作为解释生物内涵这类涉及哲学核心和原始的形而上学的任务，它的难度可想而知。同时，因为科学哲学界自20世纪80年代就开始普遍采取回避什么究竟才是科学问题的策略，这种研究态度也给研究造成了重要障碍。其次是系统哲学理论源头的多重性。由于系统哲学的主要来源分别有古希腊的亚里士多德思想、中国的《易经》思想、18世纪晚期生理学之父克劳德·伯纳德（Claude Bernard）提出的体内恒定理论、20世纪50年代诺伯特·维纳（Nobert Wiener）提出的控制论和贝塔朗菲（Ludwig Von Bertalanffy）的一般系统理论等，[5]多种历史背景的系统哲学理论导致的矛盾冲突构成了另一种隐患。其三，在过去的40年间，尽管大家已经十分明确系统生物学可以继承整体论的思想和分子生物学成功的机械论思想，但是需要承认的是，系统生物学仍进展艰难，这很大程度上是源于科学技术哲学领域还没有给出一系列开创性的建设性意见。最后，系统科学学科群带来的方法论的驳杂和冲突也是导致困境的另一根源。难得的是，以2007年的《系统生物学哲学基础》(*Systems Biology: Philosophical Foundations*)一书的出版为标志，系统生物学哲学迈出了步履蹒跚而意义重大的一步。系统生物学哲学的研讨总是深入和开放的，其富有成果和启发性的进展已经在起到积极的重要作用。

2.近期科学哲学基础的问题

除了历史的隐患，近期的系统生物学哲学基础也存在着严重的问题。作为系统生物学和生物哲学的交叉产物，其方法论思想的哲学基础最主要来自两个方面。一方面是分别崛起于20世纪30年代和50年代的生物化学和分子生物学的还原论基础。由于两个学科在各自领域取得的惊人成功，还原论在生物化学家和分子生物学家那里几乎没有产生任何异议。另一方面是最近40年来开始逐渐形成规模的生物哲学基础。生物哲学家们主要研究生物的自主性、进化生物学哲学和分子（功能）生物学哲学。我们通常希望可以完成两者的互补结合，因为这样或者有助于生命和非生命的本质区别，这种意义深远的问题是目前生物哲学家没能解决的。而通过一般的常识可以明确的是，就像一群乌合之众不能称为合格的军队，一堆砖头、泥沙和建材不能称为高楼大厦，简单地拼接两种哲学基础，并不能得出令人满意的新一代生物学方法论。因此，我们需清醒地认识到，一种方法论的哲学基础是否合格，还是要看其解决学科具体问题的水平。可是如何才能逐步达成这个目标呢？这就要看对重大论战的诠释在多大程度上可以得到诸方的共识。

3.论战的主要方面

系统生物学方法论究竟要关注和解决哪些基本问题呢？我们知道，这些问题通常也是系统生物学方法论论争集中的领域。一般而言，哲学往往以实在、宗教、知识、自我、心灵与身体、自由、伦理学、正义八个哲学核心议题为主要研究方向。[6]而科学哲学则以科学活动本身和科学理论为研究对象，主要探讨科学的本质、科学知识的获得和检验、科学的逻辑结构等科学认识论和科学方法论方面的基本问题。[7]而系统生物学哲学作为一门科学哲学，必然更多地把讨论集中在哲学的实在（本体论）、知识和自我方面。因此，我们知道系统生物学哲学主要从事科学的认识论和方法论的研究。而系统生物学方法论的基本问题则集中在如下几个方面：还原论和整体论的作用与意义；采取何种方法学和如何进行研究和理论建模；不同类型的解释方案（合一型解释和因果关系/机械型解释）；[8][9]机械论机制；[10]体外实验重构/计算机仿真建模；[11]生命的本质问题。[12]

二、两类方法论的尝试

系统生物学研究的内容和特点与以往的自然科学不同，它涉及诸多学科的综合运用。其多线性进路研究的方法论则主要体现在如何从系统角度收集、分析相关数据以得出目的性结果。今天关于系统生物学方法论的论战可能是科学哲学领域涉及最多层面的科学方法论论战之一。这包括经典的科学方法论、复杂科学方法论、系统科学方法论、还原科学方法论和计算机模拟方法论等。目前系统生物学方法论主要分为研究中的方法论和建模中的方法论两类。由于其起源的背景复杂和诸多学科群的协作性差等原因，我们需要具体探寻这些方法论之间存在哪些分歧和冲突。因为对一个正处于前沿的学科来说，其研究方法将直接影响到其科学哲学方法论的组成。

1.分子生物学和新系统生物学的努力

我们先来讨论研究中的方法论。总的来说，这是一种具有还原论思想背景的研究进路，也被称作自下而上的方法论。其具体表现在两个领域：分子生物学和新系统生物学。

（1）分子生物学的尝试

科学哲学界普遍认为一个学科的革命不可能完全忽略掉原来范式的基础，而且从目前的进展来看，分子生物学仍然是一种公认实用的方法，这也符合系统生物学哲学的实用主义要求。于是，部分分子生物学家认为通过他们以往30多年不断积累的实验室研究经验，已经找到了一种方法论来继续进行系统生物学研究。他们在代谢控制分析理论支持下，对人体、动物、灌注器官和微生物进行流量和代谢产物的非入侵性的核磁共振（MRS）分光光度的测量。[13]这种方法论的优点是不仅代谢控制分析所需要的参数可以通过这类实验获得，并且还可以评估更高水平的功能和相关组分分子的物理性质。

具体来说，由代谢控制分析（MCA）理论所支持的核磁共振能够有效地测评体内代谢物的波谱信号，如葡萄糖、三磷酸腺苷（ATP）、谷氨酸、谷氨酰胺等小分子物质及部分大分子物质。通过分析这类代谢物的质子或碳13的自然丰度信号，科学家可以确定其浓度。依靠典型的核磁共振谱（NMR）评定手段，磁共振成像（MRI）方法也可以定位特定身体区域代谢物的浓度。事实上，通过分析组成型酶的体外特征，得出的这些参数不仅可以描述体内通量的控制，还能反映这些酶的效应和代谢物浓度的体内通量。[14]这是一个很明显的进步。所以，很多分子生物学家乐观地意识到，MCA实际上提供了一种关联组成酶特性与体内代谢特征的进路。并且，从复杂程度更高的代谢水平来理解分子生物学似乎也逐渐成为可能。因为在解决实际问题上，分子生物学家们的方法论对于如何解释糖尿病的成因也给出了比较满意的回答。一切似乎正在朝着十分光明的方向前进。然而，面对复杂科学方法论者的质疑，分子生物学家们还是不得不承认，在更加复杂的系统功能方面，如在新陈代谢层面上的解释，因为无法搜集和整理更大量的复杂数据，工作价值急剧降低。

（2）新系统生物学（NSB）方法论的得失

至此我们意识到，在生物的复杂系统中，以现有的分子生物学技术水平，可以提供和使用一些可靠的数据，但遗憾的是就总体而言，这个进路仍是受限的。人们必须寻求另外一种解决办法。于是就产生了通过不可靠的数据来构建可靠的研究模型的进路。此种位于多种学科交汇之处并用以分析网络动态行为的方法被称为新系统生物学。[15]发育和进化的观点成为此方法论的重要范式。我们知道，对系统的标准而言，具备发育和进化的特点是必须的，比如演进、遗传和环境鲁棒性（robustness）。另一方面，它们的组成部分也要具备内生固有性。内生固有性反映的是进化中的系统一旦在早期形成某种自己的表达属性，就会产生延续的倾向，并对与其相异的表达发生拮抗的特性。[16]近年来，内生固有性也被广泛应用于遗传进化、物种发展史和认知心理学等领域。以上进路具有广泛普遍性和说服力，在对数量级别极高的复杂生物系统的分析处理中尤其具有帮助。

然而，事实上前面所提到的使用自下而上的方法论的两个领域都遇到了来自自身缺陷的挑战。分子生物学和生物化学家们为他们目前方法中的不准确性、[17]不能处理涌现现象、[18]不可简化性、[19]无力性、模糊性、无法进行实验和缺乏可分析性等问题而感到无能为力。[20]另一方面，无论分子生物学方法论者还是新系统生物学方法论者都始终不能忽略来自反归纳主义的深层问题的威胁。因为分子生物学、发育和进化的观点本质上仍然从属于归纳主义的方法论。它们同时具有归纳主义存在的三大缺陷[21]：第一，不可观测；第二，不精确；第三，不可归纳。由于还原论方法论的观点受到了自身局限、复杂科学和传统哲学的三重攻击，人们不得不考虑换一个角度来解决系统生物学方法论的问题。

2.建模中的问题

在意识到自下而上的从微观推向宏观的办法的局限以后，系统生物学哲学家们又展开了自上而下的建模方法论尝试，而建模中的方法论正是问题的焦点。

（1）机械论的意见

由于系统生物学必须从细胞的分子组成及其分子间相互作用的层面来诠释细胞的系统属性，因此部分系统生物学家认为机械论或许能够提供一种实用和熟悉的研究手段。机械论方法论试图把细胞当作更加精密和复杂的组织来进行重新定义和动态解释。机械论方法论在大肠埃希氏菌（*Escherichia Coli*）二次生长的调节机制以及乳糖操纵子的作用机制这两个相对简单的案例中证明了其作用。[22]另外，在描述突现属性（Emergent Properties，又译涌现属性）方面，机械论的解释也具有一定的优势。[23]

　　机械论解释为系统生物学提供了一个很实在的进路。但是，因为众所周知的原因，机械论能够解决的问题对于一个复杂系统来说微乎其微。即便是机械论解释占据优势的功能生物学中的一些案例，也不能做到完全符合其标准的模式。另一方面，从形而上学的角度，机械论观点也很难满足哲学层面的全部要求。

　　（2）定性和因果模型的可行性

　　那么，定性和因果的模型是否可用呢？尽管系统生物学的模型不能只包含定性元素，而且定性的因果模型和基于方程的定量模型之间差异很大，可是其折中之道可能会产生常规思维以外的效果。这是科研工作中经常出现的。有两个案例或者可以说明这一点。第一个例子是论证电生理动作电位产生的Hodgkin-Huxley模型（缩写为H-H模型）。[24]第二个是阐明线虫趋化性的Ferrée-Lockery模型（缩写为F-L模型）。[25]其优势在于这是一种能够综合采取生物物理化学等计算理论又能利用系统理论的方法论。很明显，定性的方法必然会受到经典科学主义者的攻击。原因之一是，尽管使用的这两个案例是来自神经解剖学，但是其理论支持并不充分。原因之二是，我们发现这两个经典案例中所运用的生物物理学和体现精确计算的物理理论仍与纯粹的物理学有很大的差异。因此，要获取经典科学方法论的支持和兼容，这个进路仍有很长的路要走。

　　（3）综合模型的构想

　　系统生物学如何才能建立一套能被普遍接受的系统性模型呢？如果我们要建构这样的模型，首先想到的是对生物体系统进行简化。数学微分建模在物理和工科领域有出色表现，但这种进路欠缺精确性。为了给细胞内和细胞间作用的过程复杂性建模，罗伯·罗森（Rober Rosen）提出了一个有说服力的理论及建模程序，并概括了解析模型和综合模型。他认为建模系统中的不确定性导致目前的所有模型在理论上都存在难以避免的缺陷。[26]所以，系统生物学模型应该是一种综合性的模型。[27]显然这一方法论目前仍处于理论层面，因为不可低估这里面需要的工作量。另一方面，不确定原理支持者也指出，随着一个系统的复杂级别不断提升，对其进行抽象描述的能力必然减弱。所以，人们还需要讨论混合系统中动力学建模和观察值集合的可能性，以确保进一步完善该理论。

（4）数据和模型的融合性

综合模型论仍在继续讨论中，同时，我们还要考虑缺乏模型的数据与缺乏数据的模型这两者的融合问题。大家都知道系统生物学所依赖的组学（Omics，分子生物学中，组学主要包括基因组学、蛋白组学、代谢组学、转录组学、脂类组学、免疫组学、糖组学和RNA组学等）的庞大数据缺少解释模型。[28]系统生物学家考虑采用在这些数据库上增加两种动态视角模型，即自下而上和自上而下进路的模型。[29]以代谢和信号转导通路主导自下而上的进路；以生物控制论和系统理论主导自上而下的进路。由此，进路方面似乎开始变得具体起来，由通路模型、生物控制论和组学共同组成模型系统。尽管这是方法论上的一个显著进步，但在不同程度上仍存在缺乏数据和解释建模的问题。[15]其中最关键的是，尽管自组织概念是最先从生物学领域提出，进而推广到整个复杂科学中的，但是，人们对究竟什么是生物的自组织仍然只有一种模糊的认识。显然，我们要重新回到一个共识，即任何学科的方法论都不能缺少认识论的支持。然而，究竟什么才是生命呢？是哪些最重要的特征使得生命和非生命明确区分开来？尽管通路模型、生物控制论和组学三位一体的模型系统是迄今认可度最高的系统生物学方法论，但是生命的认识论问题始终是不能回避的。因此，这也构成了此类探索最大的缺陷。

三、研讨和前景

回顾系统生物学方法论的建构历史，我们发现早期系统生物学的艰难处境基本上来自三个方面的问题。第一，尽管取得了基因组革命的证据，但仍缺乏来自分子生物学的支持。假说不足以构成一种模型，而庞大的数字化又是难于驾驭的。这样的结果导致研究进展甚为缓慢。第二，论文的发表和研究经费问题也遇到了挑战。新学科成立初期常因为没有可观的研究成果而遭到忽视。第三，尽管以多线性方式形成的多学科联盟的新科学范式开始出现，但几百年来经典科学的范式和传承仍会在很长时间里发挥作用。因而，即便是在相对平静的时期，新旧科学范式之间的斗争也已经开始了。[30] 当一种新科学范式被提出时，由于多方面原因，人们的习惯反应是抵触或声明"这个道理我早就知道"。这种言论不无理由。另一方面，从历史的角度，我们必须相信，之前统计热力学和分子生物学乃至相对论的出现都经历过类似的遭遇。这种情况并非特例。因此，解除保守主义或误会更有利于新科学的进步。这对科学哲学开展新的方法论研究也具有重要价值。

那么人们会提出疑问：系统生物学是否有前景？答案是毫无疑义的。首先，系统生物学的本质已经确立，即在系统层次上理解生物的现象、功能和机制。其次，高质量实验数据的来源问题也已经基本解决。第三，与新的技术进步相伴，出现自下而上和自上而下两种研究进路，也得到了广泛的承认。两种手段均有可取之处。最有意义的是系统生物学家们一直坚持实践工作，比如最近的促进植物氮营养的研究。[31]

系统生物学方法论的道路光明，百家争鸣的形势明显预示了研究领域的重要机遇。系统生物学方法论的意义也是毋庸置疑的。首先，系统生物学方法论使人们用新的视角和方法重新开始研究生物。其次，系统生物学为生物学、生物化学、生物物理学及生命科学的众多分支学科提供了新的研究视角和方法论基础。最后，多线性研究策略的系统生物学方法论，也引起了对以往以物理学为代表的单线性研究策略的经典科学方法论的反思。

现阶段系统生物学哲学研究的困境主要集中在以下几个方面。首先，匮乏学科背景的统和。系统生物学方法论理论的不足使得科学哲学家大有用武之地，但也需要综合分析分子生物学、基因组学、科学哲学、数学、蛋白组学等背景知识，对它们的长处和短处进行统筹。其次，如何处理庞大的数据？最后，如何最终解决建模的问题？融合综合学科背景的知识体系、应用大数据理论和博弈理论，有望成为克服困难的有效手段。一方面当涉及的资料规模巨大，无法通过目前主流的软件工具在合理时间内撷取、管理、处理并整理成有价值的资讯时，大数据（或称巨量资料）可以帮助解决问题。[32]另一方面，博弈论是研究斗争或竞争现象的数学理论和方法，有助于解决建模过程中内生固有性的模拟问题。[33]第三，系统生物学方法论也应该充分借鉴生物学既有的方法论。今天的生物学方法论主要分为：生物学观察方法论、生物学实验方法论、类比方法论、比较方法论、物理化学方法论、数学方法论、计算机人工生命方法论、假说方法论、创造性思维方法论、分析和综合方法论以及历史与逻辑统一的方法论。[34]而现有的系统生物学方法论主要偏向于分子生物学和理论建模的哲学分析。对比之后，我们发现对传统生物学的方法论吸收不足也是目前系统生物学方法论进步缓慢的因素之一。如何最大限度引入现有的生物学方法论，是富有希望的系统生物学方法论建设的议题。

至此我们发现，通过梳理大量最新的系统生物学的进展成果，科学哲学家一直在帮助澄清很多关于系统生物学性质和方法论的问题。在研究过程中我们不禁会思考，系统生物学新范式的特质所带来的新方法对整个科学究竟会有什么作用和价值。反过来，我们又如何理解过去的经典科学仅仅由线性研究模式组成的问题？在很长时间内，关于系统生物学方法论的研讨还会继续下去。一方面我们需要认定系统生物学是一个正确的学科，抵制来自物理或数学方面的贬低的倾向。另一方面，我们也要承认系统生物学是一个与众不同的、集众多学科为一体的研究体系，要采取和吸收的参考标准远远超出以往任何一门科学。

根据对生命科学各方面进展的剖析，系统生物学的方法论将会是一种全新的科学方法论，其进展将对认识生命本质的问题产生深远的影响。一直以来，哲学、生物学、神学和伦理学等对"生命是什么"的解释占主导地位。系统生物学哲学的艰难处境，基本上来自其认识论困境。要继续系统生物学的哲学研究，认识论问题变成了不可回避的话题。系统生物学的哲学恰由于这种独特的目的性而成为真正的生物哲学。另一方面，生命的本质涉及认识论和本体论的问题。所有的方法论都建立在认识论和本体论的基础之上。因此，系统生物学哲学研究的最大突破，必然建立在揭示生命本质的奥秘之上。

综上所述，系统生物学方法论的思辨研究不仅会提供关于系统生物学哲学方法论基础的概述，同时还可能引发激烈的讨论，让人们去重估哲学和科学哲学对生物学，乃至科学的一般作用以及在系统生物学中的特定作用。尽管本文试图把这种研讨主要集中在系统生物学的方法论范围，但其最终的作用可能比标题的内涵丰富得多。它不仅有可能为生物学、生物化学、生物物理学，甚至生命科学的多数分支学科提供哲学和方法论基础，也必将为21世纪科学的多线性研究提供理论基础和实践依据。

参考文献

[1] Katze, M. G. *Systems Biology* [M].New York: Spring, 2013.

[2] Goryanin, II., Goryachev, A. B. *Advances in Systems Biology* [M]. New York: Spring, 2012.

[3] Alberghina L., Westerhoff, H. V. (Eds.), *Systems Biology: Definitions and Perspectives* [M]. Berlin and Heidelberg: Springer-Verlag, 2005.

[4] 巴甫洛夫.巴甫洛夫全集第五卷[M].北京：人民卫生出版社，1959.

[5] 林标扬.系统生物学[M].杭州：浙江大学出版社，2012.

[6] 罗伯特·C.所罗门.哲学导论[M].陈高华译，北京：世界图书出版公司，2012.

[7] Giere, Ronald N., 'A New Program for the Philosophy of Science?' [J]. *Perspectives on Science*, 2012, 20 (3): 339−343.

[8] Hornberg, J., Binder, B. et al. 'Control of MAPK signaling: from complexity to what really matters' [J]. *Oncogene*, 2005, 24:5533−5542.

[9] Woodward, J. *Making things happen: A theory of causal explanation* [M]. Oxford:Oxford University Press, 2003.

[10] Darden, L., Tabery, J. *Molecular Biology* [M]. The Stanford Encyclopedia of Philosophy (Spring 2005 Edition).

[11] Nobel, D. 'Modeling the Heart-from Genes to Cells to the Whole Organ, [J]. *Nature*, 2002, 295: 1678−1682.

[12] Mahner, M., Bunge, L. *Foundations of Biophilosophy* [M]. Berlin: Springer-Verlag, 1997.

[13] Fell, D. *Understanding the control of metabolism* [M]. London/Miami: Portland Press, 1997.

[14] Shulman, G. I., Rothman, D. L. *MRS Studies of the Role of the Muscle Glycogen Synthesis Pathway in*

the Pathophysiology of Type 2 Diabetes [M]. England: John Wiley and Sons, 2005, 45−57.

[15] 布杰德·F. C., 系统生物学哲学基础 [M]. 孙之荣译, 北京: 科学出版社, 2008.

[16] Wimsatt, W. Generative Entrenchment and the Developmental Systems Approach to Evolutionary Processes [J]. *Oyama*, 2001, 219−237.

[17] Laughlin, R. B., *A Different Universe: Reinventing Physics from the Bottom Down* [M]. New York: Basic Books, 2005.

[18] Reijenga, K. A., et al. Yeast Glycolytic Oscillations that Are Not Controlled by a Single Oscillophore: A New Definition of Oscillophore Strength [J]. *Journal of Theoretical Biology*, 2005, 232: 385−398.

[19] Primas, H. Chemistry, *Quantum Mechanics and Reductionism* [M]. Berlin: Springer, 1981.

[20] Carnap, R. *Philosophical Foundations of Physics* [M]. New York: Basic Books, 1966.

[21] 艾伦·查尔莫斯. 科学究竟是什么 [M]. 邱仁宗译, 石家庄: 河北科学技术出版社, 2010, 80−81.

[22] Schaffner, K. *Discovery and Explanation in Biology and Medicine* [M]. Chicago: University of Chicago Press, 1993.

[23] Bechtel, W., Richardson, R. C. *Discovering Complexity: Decomposition and Localization as Strategies in Scientific Research* [M]. Princeton: Princeton University Press, 1993.

[24] Huxley, A. F., 'Excitation and Conduction in Nerve: Quantitative Analysis' [J]. *Science*, 1964, 145: 1154−1159.

[25] Ferrée, T. C., Lockery, S. 'Computational Rules for Chemotaxis in the Nematode C. Elegans' [J]. *Journal of Computational Neuroscience*, 1999, 6 (3):263−277.

[26] Wolkenhauer, O. 'Systems Biology: The Reincarnation of Systems Theory Applied in Biology?' [J]. *Briefings in Bioinfomatics*, 2001, 2: 258−270.

[27] Rosen, R. *Life Itself* [M]. Columbia: Columbia University Press, 1991.

[28] Kihara, D. *Protein Function Prediction for Omics Era* [M]. New York: Springer, 2011.

[29] Palsson, B. *Systems biology* [M]. Cambridge: Cambridge University Press, 2006, 66.

[30] Nagel, E. *The Structure of Science: Problems in the Logic of Scientific Explanation* [M]. 2nd edition Indianapolis: Hackett publishing company, 1979.

[31] Rodrigo A. Gutiérrez, Systems Biology for Enhanced Plant [J]. *Nitrogen Nutrition Science*, New Series, 2012: 336 (6089): 1673−1675.

[32] Choudhury, S. 'Big Data, Open Science and the Brain: Lessons Learned from Genomics' [J]. *Frontiers in Human Neuroscience*, 2014, 8: 239.

[33] Vincent, T. L., Brown, J. S. *Evolutionary Game Theory, Natural Selection, and Darwinian Dynamics* [M]. Cambridge: Cambridge University Press, 2005.

[34] 李建会. 生物学方法论 [M]. 杭州: 浙江教育出版社, 2007, 11.

专题3：进化与遗传

获得性遗传有望卷土重来吗？

陆俏颖

一、获得性遗传的早期历史

遗传，指生物亲代与子代具有相似性状（如皮肤和眼睛的颜色等）的现象。广义的遗传还包括人类和动物的行为、习惯甚至文化等的传递。要解释遗传现象，需寻找实现它的过程及机制。结合日常生活实践的直观理解，一般认为，父母亲代在孕育子代之时，将某些物质传递给了子代，而这些物质通过影响子代的发育，使其呈现与亲代相似的性状。所以，对遗传现象的解释可归结为两个问题：遗传物质是什么？遗传物质如何传递？

对上述问题的探讨远远早于现代生物学的兴起。最早有迹可循的遗传理论，来自于古希腊医生希波克拉底（Hippocrates）。他的"泛生论"认为，身体的各个部分含有一种特殊的颗粒——"种子"，决定着个体各部分的性状。[1]以此可解释遗传现象：由于亲代把决定性状的种子传递给了后代，所以后代呈现与亲代类似的性状。根据泛生论，当亲代的身体某部分发生变化时，存在于其中的种子也会发生相应的改变，并将这种变化传递给子代。这便解释了一类有趣的现象，如有长期运动习惯的父母所生育的子女常比一般人更加强壮。这类现象后被称为"获得性遗传"（Inheritance of Acquired Characters），即亲代在有生之年获得的性状传递给了子代。这里的"获得"包含通过长期努力而"习得"的意思。

亚里士多德作为古希腊思想的集大成者，对动物学颇有研究。他指出，泛生论与以下三个事实不符。首先，某些身体部位（如指甲和头发）由已经死亡的组织构成，这些部位如何能产生可变化的种子呢？其次，泛生论无法解释为何新生婴儿不像父亲那样有胡子，而是在特定时期才长出胡子。[2], pp.636-637 最后，根据泛生论，父母双亲都产生一套自己的种子物质，那么子女应该是"双头四臂"的怪物才对。[3]亚氏认为，遗传不是简单的物质传递，而是质料因和形式因共同传递的结果。[4]母亲的经血提供物质基础，父亲的精液蕴含着某种"形成原则"（form-giving principle），指导和控制胎儿的发育，如形成原则决定了胡子只在发育的特定阶段出现。由形成原则所决定的性状，为生物的本质属性；其他则为偶然属性。以长颈鹿为例，长脖子是其本质属性，短脖子的长颈鹿不是真正的长颈鹿。其他伤痕、疮疤等性状则为偶然属性。亚氏的观点被称为"本质主义"，影响深远。

直到18世纪末，绝大多数自然哲学家仍然认为，物种是以不同的等级被分别创造出来的，关注生物的本质才能揭开生命的奥秘。联系到获得性遗传，虽然微小属性的获得及其遗传乃是公认现象，但由于本质属性恒定不变，能获得性遗传的只有偶然属性。所以，本质主义生物观不曾详细讨论获得性遗传，获得性遗传也不曾成为生物理论的核心议题。

二、获得性遗传的兴盛

本质主义认为，物种由其本质决定，本质恒定不变，因此物种也恒定不变。直到18世纪中后期，法国博物学家布封（C. Buffon）首次提出了物种可变的思想。随后拉马克在《对有生命天然体的观察》中指出，物种是按照从简单到复杂的规律演变而来的。物种演变被称为"进化"或"演化"，进化论最初指支持物种演变的理论。所以，拉马克被誉为提出系统生物进化论之第一人。1859年，达尔文《物种起源》的出版为进化论奠定了基础。不同于本质主义，进化论认为物种是可变的。要发展一套关于生物进化的理论，至少需要解释两个要点：第一，新性状的产生，即变异的产生；第二，新性状如何稳定地传递给后代，即变异的延续——遗传。有了这两个步骤，旧的物种便能演变为新的物种。获得性遗传正好提供了绝佳解释，亲代在有生之年获得（长期习得的）性状传递给了后代。这构成了拉马克进化论的基本思想。他是第一个将获得性遗传和进化论系统联系起来的生物学家，毫不夸张地说，正是他促成了获得性遗传的兴盛。

拉马克在1809年（达尔文出生年）出版的《动物学哲学》中，将获得性遗传纳入了生物进化的基本法则。可用长颈鹿的例子说明：[5]

1.环境改变可使生物的生存需求发生改变。如由于低矮处的树叶越来越少，长颈鹿需要吃到高处的树叶；

2.需求变化导致生物习性改变，而生物习性的变化伴随增加或减少某些身体部分的使用——长颈鹿经常伸展脖子以吃到高处的树叶；

3.生物经常使用的器官趋于发达、演化，而不使用的器官趋于衰亡、退化（"用进废退法则"，也称"第一法则"）——长颈鹿的脖子日趋变长；

4.由"用进废退"获得或者失去的性状，通过繁殖传递给下一代（"获得性状遗传法则"，也称第二法则）——长脖子的长颈鹿生育长脖子的子代；

5.结果是，长颈鹿的脖子越来越长。

我们来看这两个法则。用进废退的现象随处可见，如运动员的四肢比普通人发达，而久卧在床的人运动能力会明显下降。获得性状的遗传亦十分符合直觉，如家养的鸡由于长期圈养，翅膀不用于飞行而退化变小，长此以往，退化的翅膀在家鸡中遗传并固定。拉马克将生物在有生之年（生育之前）的"用进废退"作为获得性状的来源，并把"获得性遗传"作为获得性状的遗传法则，结合两者，得以解释某个性状的出现或消失。换言之，前者提供变异来源，后者使这些变异得以延续。这便应了进化论解释的两个要点。

需要注意的是，在拉马克的进化论体系中，用进废退法则自成一体。获得性状遗传法则，是指获得的变异遗传给后代的现象，重在遗传，其本身不包含用进废退作用。然而，19世纪末以来，学界有意无意地将两个法则统称为"拉马克的获得性遗传"，并冠以"拉马克主义"（Lamarckism）。为了区别拉马克的思想，本文将用进废退结合获得性遗传的观点称为"传统观的获得性遗传"。更具体地说，拉马克将获得性遗传看作遗传法则，而传统观的获得性遗传或拉马克主义将变异的产生和变异的遗传合二为一，以解释生物进化现象。

生物学史家伯卡哈德（R. Burkhardt）指出，在拉马克自己以及当时其他学者看来，获得性遗传并不是拉马克的标签。[6]这是因为，由于环境变化而习得的新性状通过生殖保留和扩散，被认为是不证自明的。换言之，拉马克将获得性遗传法则视为不需要解释的普遍规律。更重要的是，达尔文才是为其提供解释的第一人。早在《物种起源》中，达尔文就将用进废退作为可遗传变异的来源之一。9年后，在《动物和植物在家养下的变异》中，他详细例举了用进废退的现象，并试图用希波克拉底的泛生论来解释一系列遗传和发育现象，其中包括获得性遗传。[7]达尔文将"种子"变身为细胞中的"芽"（gemmule），这些芽可以循环于身体各部分。亲代细胞发生变化，可使芽也发生相应的变化，变化后的芽最终通过生殖细胞传递给后代。也就是说，达尔文用发展后的泛生论，为拉马克的获得性遗传法则提供了解释。

既然达尔文是获得性遗传法则的主要推动者之一，之后的新达尔文主义为何将其彻底抛弃？这还要从达尔文对变异的看法说起。对于拉马克来说，变异始于生物根据环境变化做出的行为习惯的改变，行为习惯的改变促成了用进废退。因此，变异不是偶然产生的，它们是环境和生物共同作用的结果。但达尔文认为，存在两种变异来源：一是环境变化的直接作用，即拉马克式的变异；二是环境变化的间接作用，对应于"偶然变异"。他强调，大多数变异为偶然变异，即没有方向的、随机的变异。偶然变异的产生不依赖于特定的环境变化。

　　达尔文的自然选择说正是根植于偶然变异。回到长颈鹿的例子，由于偶然变异，有的长颈鹿脖子稍长，有的稍短。长脖子的长颈鹿可以吃到更多的食物，有更强的存活和繁衍能力，因此可留下更多的后代。这就是环境对性状的选择。由于它们的后代也是长脖子，久而久之，种群中长脖子的长颈鹿越来越多。结果是，长颈鹿的脖子普遍"变长"了。这里，进化解释包含了三个步骤：变异、变异的选择、变异的遗传。而变异的选择是其中的关键步骤。

　　前面提到，"传统观的获得性遗传"包含拉马克进化论的两个基本法则，对应于变异产生和变异遗传两个步骤。前者由用进废退解释，后者则是公认的。在自然选择说中，变异产生由偶然变异解释，变异遗传是给定的（达尔文用泛生论解释，但并不成功。后由孟德尔遗传学填补空白）。不管长脖子这个性状最初是由于经常伸展脖子引起，还是由于偶然的个体差异导致，要使性状保留下来，都要求此性状是可遗传的。所以，传统观的获得性遗传（即拉马克主义）和达尔文自然选择说，在遗传上没有冲突，这也是为何达尔文可以是获得性遗传法则的推动者。

　　两者的冲突在于，进化的主要驱动力是什么？对于拉马克来说，生物能通过用进废退产生的变异，应对环境的变化——变异本身就是更适应环境的。因而进化的驱动力在于生物自身的"努力"。但是，达尔文认为绝大多数变异是偶然的，变异只体现个体差异，不一定都更适应环境。至于哪些变异被保留，取决于哪种变异可留下更多后代，即自然选择才是进化的主要驱动力。新达尔文主义对自然选择的推崇，意味着对用进废退的拒斥，而包含了用进废退法则的传统观的获得性遗传也因此走向覆灭。

三、获得性遗传的覆灭

　　传统观的获得性遗传受到了达尔文拥护者的批评，其中最著名的要数魏斯曼（A. Weismann）的"割鼠尾巴"实验。思路如下：如果拉马克主义正确，那么对于从小被割掉尾巴的老鼠来说，尾巴这个器官从来没有被使用，根据用进废退法则，尾巴应该在后代中逐渐趋于退化。而魏斯曼经过20多代的连续割尾实验，发现小鼠的后代仍然长出了尾巴。所以前提是错误的。这是用一个反例否证了一个全称命题，被认为是否定拉马克主义之决定性实验。但是，从逻辑上讲，它只能说明：某些获得性状是不能遗传的。不仅如此，拉马克的用进废退法则要求环境变化改变生物需求，进而改变生物行为，以至于改变某些器官（如尾巴）的使用。而在魏斯曼的实验中，小鼠的尾巴被人为割除，只能算是偶然的废弃，小鼠的努力或"意志"没有发挥任何作用，因而并不符合拉马克的语境。

传统观的获得性遗传面临的巨大威胁来自魏斯曼的"种质说"（germ-plasm theory）。[8]他提出，多细胞生物可分为种质和体质两部分，种质包含生物性状的决定因子，体质构成身体的其余部分，只有前者是真正的遗传物质，前者决定了后者。[9]由于体质的变化不能影响种质，而生物通过用进废退获得的性状只是体质的改变，因此不可能遗传。种质说的流行使拉马克主义处于极为被动的境地。以华莱士（A. Wallace）和魏斯曼为核心成员的新达尔文主义，在种质说的基础上，强调自然选择足以解释所有的进化现象，生物进化的驱动力只能是自然选择。与达尔文的态度不同，新达尔文主义完全否认传统观的获得性遗传在进化中的地位。

新达尔文主义对于拉马克主义的批判并不是致命的，如植物的嫁接现象并不符合种质说。[2], p.703 生物学接下来的进展宣告了拉马克主义的彻底惨败。这始于1900年孟德尔（G. Mendel）研究的重新发现。基于孟德尔理论的遗传学被称为经典遗传学，当时大量实验和遗传学的分析，初步确定了基因呈线性排列在染色体上。20世纪40年代，经典遗传学和新达尔文主义的结合催生了现代综合（Modern Synthesis），它确立了自然选择说的核心地位，并将其他学科，如分类学、形态学和植物学等整合进来，被认为是生物学史上的一次重大进展。近半个多世纪以来，现代综合一直处于现代生物学理论的主导地位。

根据现代综合所述，进化过程如下：由于随机的基因突变，种群内的表现型存在差异，不同表现型适应环境的能力不同，这种差异可以通过基因传递给后代。拥有适应性状的个体能产生更多的后代，经过长期累积的自然选择，最终留下来的是拥有适应性状的个体，而不适应者被淘汰。与达尔文最初的理论不同，现代综合引入了"基因"作为决定表型的遗传物质，表型变异由随机的基因突变和重组产生，变异的遗传由基因遗传完成。需要注意的是，此时"基因"的物质基础和细节并没有确定，是一个工具论的概念。

直到1953年，沃森和克里克发现了DNA的双螺旋结构，分子生物学应运而生。一时之间，各国生物学家纷纷披挂上阵，投入了关于DNA的结构和功能等方面的研究，其中1990年启动的人类基因组计划试图开启人类基因终极秘密的探究。当所有的聚光灯都投注到分子、细胞时，生物个体本身的努力或"意志"成为迷信。生物通过长期"用进废退"获得的新性状是否能遗传的问题，也无法再引起生物学家们的兴趣。此时，拉马克主义或被遗忘在角落，或被痛批。传统观的获得性遗传宣告覆灭。

然而，复兴拉马克主义的愿望并未彻底熄灭，仍有一些学者坚持寻找获得性遗传的证据。但此时获得性遗传的含义已悄悄发生了变化。自现代综合以来，变异被认为是随机的或偶然的，环境的变化只能增加基因突变的频率，并不决定突变的方向。不仅由生物"意志"所主导的变异不复存在，任何非随机的变异都被否决。但这并不符合直觉。生物学家惊叹生物体的构造之完美和协调，像是精心设计的产品。用非随机变异解释新性状的出现更符合直觉。因此，在进化论产生之初，无论是达尔文还是拉马克，都认为存在非随机的变异（达尔文所承认的环境的直接作用便是证据）。当拉马克主义的复兴者纠结于获得性遗传时，他们真正关心的问题是：由环境变化引起的非随机变异是否存在？非随机变异是否可以遗传？这里，"获得"不再意味着"习得"，而单纯是"得到"的意思。如今的获得性遗传与传统观的获得性遗传，可谓大相径庭。笔者因此称之为"常识观的获得性遗传"。[10]那么常识观的获得性遗传是否有复兴的可能？表观遗传学的研究似乎提供了一定的支持。

四、获得性遗传的复兴?

近年来,表观遗传学的发展异常迅猛,相关的哲学讨论也成为当下的一个热点。其中声势最为浩大的是亚布隆卡(E. Jablonka)和兰姆(M. Lamb)的观点:拉马克主义或获得性遗传通过表观遗传复兴了。[11]亚布隆卡所说的获得性遗传是什么? 表观遗传与获得性遗传如何得以联系? 下文将简要介绍表观遗传学及隔代表观遗传,并通过区分"有向变异"和"无向变异",探讨表观遗传所复兴的获得性遗传的真正内涵。

"表观遗传学"(Epigenetics)一词最初由沃庭顿(C. Waddington)于1939年提出,其任务是研究基因及其产物之间的因果作用,即个体发育的过程。在学科早期,人们认为多细胞生物在减数分裂时,会将亲代的表观标记(如DNA甲基化、组蛋白修饰等)全部抹去,发育初期再重新分配。表观标记的传递只发生在有丝分裂中,所以表观标记不能遗传。此时的表观遗传学被归入发育领域。但近二十年的研究表明,某些表观标记可通过减数分裂进行遗传。如今,表观遗传学的论域已略有缩小,指研究由非DNA序列改变引起的、可遗传的基因表达。[12]表观标记通过单细胞生物的有丝分裂或多细胞生物的减数分裂在代系间遗传的现象,被称为隔代表观遗传(Transgenerational Epigenetic Inheritance)。隔代表观遗传存在于多种生物中,如真菌、植物和无脊椎动物等。研究显示该现象还存在于脊椎动物(包括哺乳动物)中。如遗传背景完全相同的小鼠,由于它们从母鼠继承的灰色基因位点的甲基化水平不同,导致其皮毛颜色呈阶梯状变化,从黄色到杂合灰点,再到灰色。母鼠灰色基因的甲基化水平则受到环境中甲基供体浓度的影响。研究表明,这种表观变异(由表观修饰的变化导致的表型变化)能持续传递十几代。[13]这为遗传学带来了新启示。首先,可遗传的物质不仅仅是基因,还有表观标记。其次,表观标记的变化通常由环境变化直接引起,因此变异的来源不仅仅是DNA的随机突变,还有环境导致的定向表观变异。

　　以上两点也构成了亚布隆卡复兴获得性遗传的论证。她指出，大部分表观变异是由环境变化直接导致的。与DNA的随机突变不同，表观变异是非随机的。这些非随机的表观变异可通过隔代表观遗传进行传递。[14]一种结合隔代表观遗传和自然选择的假说是：亲代生存的环境发生变化，导致了表观变异产生不同的表现型。自然选择决定了不同表型的适应度。隔代表观遗传使适应度高的表型被保留下来，经过多代累积，种群进化。

　　依据已有的证据，这一假说似乎非常自然，新近的研究也为此提供了经验支持。[15]研究者让雄性小鼠闻到一种特定甜香味后对其轻微电击，连续三天，每天五次，以培养小鼠对甜香味的恐惧。之后让其与正常母鼠交配，并观察其后代。令人震惊的是，虽然后代小鼠并没有接受香味恐惧训练，成长环境中也不曾出现过此特定香味，但是当它们第一次闻到这种香味时，会比正常小鼠显得更加紧张和恐惧。后续研究发现，这是第一代小鼠特殊位点基因的高度甲基化传递给后代的结果。实验将甜香味设定为对小鼠有害的环境因素，拥有对此香味的恐惧是一种适应性状。结果表明，通过隔代表观遗传，由环境变化导致的适应性状可以传递给后代。这明显不同于现代综合（基因的随机突变导致表型变异，自然选择留下适应度高的表型）。虽然上述例子只在实验室条件下成功，目前也没有历史证据证明非随机的表观变异确实能驱使种群进化。但正如亚布隆卡所说，长期以来对基因的绝对关注使遗传学的焦点集中于DNA分子，忽略了其他可能的机制及其在进化中的作用。随着表观遗传学的发展，也许上述假说有一天会被证实。重要的是，亚布隆卡抓住了常识观的获得性遗传的直觉：环境变化可以定向地导致表型变化，这种变化还能传递给后代。这也是目前大多数学者所理解的获得性遗传或拉马克主义。不同于随机基因突变导致的表型变异（随机变异），表观变异是由环境导致的特定变异，是非随机变异。那么，"随机"与"非随机"的区分从何而来？亚布隆卡没有给出答案。笔者认为，随机与否取决于环境变化是否定向地引起表型变化。随机与非随机可用"有向变异"和"无向变异"来区分。有向变异指环境变化决定了变异的方向，强调环境到变异的指向。可以用反事实的方式理解：1.其他条件不变，如果不存在类似的环境变化，那么在同一代或下一代的种群中不会产生大量的特定变异；2.其他条件不变，如果存在类似的环境变化，则会产生大量的特定变异。

满足以上两个条件的变异就是有向变异，否则为无向变异。回到小鼠皮毛的例子，已知增加黄色皮毛母鼠食物中的甲基供体浓度，能导致其灰色基因位点的高度甲基化，这一甲基化模式可通过隔代表观遗传传递给后代，使后代小鼠的皮毛呈现灰色。其他条件不变的情况下，如果环境中的甲基供体浓度不变（环境没有发生变化），那么同一代的母鼠和下一代的小鼠的皮毛颜色都不会产生大量变化；如果环境中的甲基供体浓度提高（环境发生变化），那么下一代小鼠中会出现大量的灰色皮毛。在此例子中，小鼠皮毛颜色的变化即为有向变异。可见，表观遗传所复兴的正是有向变异的遗传，而香味恐惧实验提示了有向变异产生适应性状的可能性。有向变异和无向变异的区分有助于在现有语境下解读常识观的获得性遗传。首先，随机和偶然的概念存在模糊性。例如，基因突变的经典案例之一是药物（如亚硝酸）和射线能引起特定碱基的错误配对，从而改变基因序列。又如，不同的基因位点的突变频率不同，在某些化学刺激出现时，突变频率升高。这些例子中，改变的是突变频率，而不是突变的位点和方向。因此，它们并不是完全随机的，但似乎也不是非随机的。所以，从环境到表型的定向考虑是一种更有效的方式。其次，有向变异强调环境和性状的联系，掌握有向变异的内涵意味着掌握了环境与表型的关系。如当母鼠暴露于乙烯雌酚的环境中时，它的子代和孙代致癌基因上的DNA甲基化会发生相应改变，以至于提高癌变概率。[16]类似情况下，有向变异能为科学应用提供素材。

获得性遗传有望卷土重来吗？综上所述，对这个问题，由于对"获得性遗传"的理解不同，会有不同的答案。就传统观的获得性遗传（通过用进废退得到的性状可以遗传）而言，目前为止，答案是否定的，虽然逻辑上不能排除生物个体通过自身努力导致环境变化，进而导致表观遗传的可能性；就常识观的获得性遗传（有向变异可遗传）而言，由于表观遗传普遍存在，答案似乎是肯定的。

五、结语

有向变异的产生不仅可通过生物化学途径，还可通过生物的互动行为。如当母鼠周围的捕食者增加时，母鼠与小鼠交流的时间减少。这会导致小鼠某基因位点甲基化水平变化，产生高度警惕的性状。当小鼠长大后，由于高度警觉性，它会花更多的时间为生存忙碌，导致与子代的交流变少。结果是，焦虑的小鼠长大后成为焦虑的鼠妈妈。[17]这种相似性状的遗传以表观调控为基础，通过母鼠对子鼠的行为变化间接产生。这使表观遗传的研究扩展到了生物行为，甚至文化等方面。

科学哲学的许多争论，最终目的都是寻求更好的理解。对获得性遗传的复兴思考，体现了科学家在生物学快速发展时对新的经验成果与已有理论的探讨。表观遗传学虽不能复兴传统观的获得性遗传，但是常识观的获得性遗传已逐渐登上了历史舞台。遗传学本身，得益于分子层面的机制研究和行为文化的表观效应这两方面的研究，已向微观和宏观双向扩展。

参考文献

[1] Hippocrates, 'Airs, Waters, Places' [A]. Chadwick, J., Mann W. N. (Eds.) *The Medical Works of Hippocrates* [C]. Oxford, UK: Blackwell, 1950, 90−111.

[2] Mayr, E. *The Growth of Biological Thought: Diversity, Evolution, and Inheritance* [M]. Cambridge: Harvard University Press, 1982, 636−637、703.

[3] Moore, J. *Science as a Way of Knowing: The Foundations of Modern Biology* [M]. Cambridge: Harvard University Press, 1999, 235.

[4] Aristotle, *Generation of Animals* [M]. translated by Peck, A.L. Cambridge: Harvard University Press, 1943, 65.

[5] Lamarck, J. B. *Zoological Philosophy: an Exposition with Regard to the Natural History of Animals* [M]. translated by Elliot, H. New York: Hafner Publishing Company, 1963.

[6] Burkhardt, R. Jr. 'Lamarck, Evolution, and the Inheritance of Acquired Characters' [J]. *Genetics*, 2013, 194: 793−805.

[7] Darwin, C. *The Variation of Animals and Plants under Domestication* [M] 2nd edition. New York and London: D. Appleton and Company, 1920, 349−399.

[8] Weismann, A. 'On Heredity' [A]. Poulton, E. B., Schönland,S., and Shipley, A. E. (Eds.) *Essays Upon Heredity* [C], 1889. http://www.esp.org/books/weismann/essays/facsimile/.

[9] Haig, D. 'Weismann Rules! OK? Epigenetics and the Lamarckian Temptation' [J]. *Biology and Philosophy*, 2007, 22: 415−428.

[10] 陆俏颖. 遗传、基因和进化[D]. 中山大学，2016，83−89.

[11] Jablonka, E., Lamb, M. *Epigenetic Inheritance and Evolution: The Lamarckian Dimension* [M]. New York: Oxford University Press, 1995.

[12] Tollefsbol, T. 'Epigenetics: The New Science of Genetics' [A]. Tollefsbol, T. (Eds.) *Handbook of Epigenetics: The New Molecular and Medical Genetics* [C]. Salt Lake City, UT: Academic Press, 2011, 1.

[13] Morgan, H. Sutherland, H. et al. 'Epigenetic Inheritance at the Agouti Locus in the Mouse'[J]. *Nature Genetics*, 1999, 23: 314-318.

[14] Jablonka, E., Lamb, M., Zeligowski, A. *Evolution in Four* Dimensions: *Genetic, Epigenetic, Behavioral, and Symbolic Variation in the History of Life* [M]. Revised Edition Cambridge: MIT Press, 2014.

[15] Brian, D., Ressler, K. 'Parental Olfactory Experience Influences Behavior and Neural Structure in Subsequent Generations' [J]. *Nature Neuroscience*, 2014, 17(1): 89-96.

[16] Ruden, D., Xiao L. et al. 'Hsp90 and Environmental Impacts on Epigenetic States: a Model for the Trans-generational Effects of Diethylstibesterol on Uterine Development and Cancer' [J]. *Human Molecular Genetics*, 2005, 14(1): 149-155.

[17] Weaver, I. Cervoni, N. et al. 'Epigenetic Programming by Maternal Behavior' [J]. *Nature Neuroscience*, 2004, 7: 847-854.

从"个体"概念看自然选择理论
的抽象化与扩展

杨仕健　张　煌

"个体"是现代进化生物学的核心概念，对个体的分析和划界是研究的基本前提和出发点。比如，科学家要计算某群体的适应度，必须对群体中包含的个体进行划分并计数，而世代、性状、表现型等概念也紧紧依赖于对个体的界定。要对生物学个体进行划界，先要有一套作为划界标准的个体性质，即生物学个体性（biological individuality）。对生物学个体性的理解大致有两类思想来源，一类是有机体（organism）概念，主要基于进化生物学之外的领域如生理学、免疫学等的经验知识，另一类主要来自进化生物学，特别是自然选择理论，戈弗雷－史密斯（P. Godfrey-Smith）将此标准所界定的个体称为"达尔文式个体"[1]。[1]

众所周知，自然选择理论是进化生物学乃至整个现代生物学的基石，而"个体"则是自然选择理论中不可或缺的概念。"个体"概念的发展与自然选择理论的扩展演变是互相界定、相辅相成的过程。国内学界对20世纪以来西

1　21世纪以来，西方学界出现了一系列以"达尔文式"（Darwinian）为前缀的术语，如达尔文式个体、达尔文式群体、达尔文式过程等。"达尔文式"作为形容词在这里是"通过自然选择而进化"的意思。

方学界关于自然选择单位与层次的讨论已有所关注，然而对其背景问题——自然选择理论的扩展，仍然少有研究。本文试图以"个体"概念的演变为线索，描绘出一幅自然选择理论在当代扩展演变的完整图景，并整理出三个维度：其一是选择对象从有机体层次上的个体向其他组织层次扩展，这一维度上的讨论奠定了自然选择理论抽象化的两条基本进路——经典进路（classical approach）和复制子进路（replicator approach）；其二是从共时结构向历时结构演变；其三是选择对象从典范实体（paradigmatic entities）即有性繁殖的高等动植物，向形形色色的非典范实体扩展。

一、从有机体层次到多层次组织的扩展

1.达尔文的自然选择理论与"公认观点"

在《物种起源》正文中，"个体"一词被频繁使用，凡是涉及物种内的变异、繁殖、生存斗争、遗传的描述，均离不开个体概念。达尔文在《物种起源》一书的引言中说道：

> "每一物种所产生的个体数，远远多于可能生存的个体数，因而生存斗争频繁发生，于是对于任何生物，如果它发生变异，不管这种变异多么微弱，只要在复杂且有时变化无常的生活条件下以任何方式对自身有利，就会有更好的生存机会，从而被自然所选择。根据遗传原理，任何被选择了的变种都倾向于扩增其新的、被修改了的形态。"[2]

不难看出，达尔文提出的自然选择理论有具体的描述对象，主要是指动植物有机体，它们因为个体繁殖的分化导致群体的平均性状变化，从而发生进化。不过，根据奥马利（M.A.O'Malley）的考证分析，达尔文在理论上还是相信自然选择具有普适性，可作用于所有的生命对象，包括和一般动植物看上去很不一样的生物实体。[3]也就是说，上文所描述的自然选择过程实际蕴含着一个抽象的机制，该机制并不局限于动植物有机体；其中的"个体"一词，可以指有机体个体，也可泛指不同组织层次上的生物实体。不过，限于当时的研究条件，达尔文只研究了动植物有机体构成的群体，未能在实践中研究自然选择机制的抽象化和扩展问题。

20世纪40年代完成的第二次达尔文革命——进化综合（Evolutionary Synthesis）运动，以自然选择模式为核心，对基因、有机体和群体三个层次上的实体在进化中的角色与相互作用进行了描述。这幅图景中，自然选择作用于表现型，有机体是表现型的承载者，而在有机体层次之下的基因，以及有机体层次之上的群体、物种，它们是否能在作为"自然选择作用对象"的意义上被称为"个体"？进化综合理论体系仍然没有讨论这些问题，它和达尔文的理论一样，只把有机体个体视为自然选择的单位，这种观点被统称为"公认观点"（received view）。[4]

到了20世纪下半叶，随着生物学研究广度与深度的不断扩展，人们开始关注和讨论自然选择是否能作用于其他层次上的单元。早期的争论来自对动物群体中利他行为的解释，这些解释可分为群组选择（group selection）[1]和基因选择两派。随着生物学哲学的兴起，第一代生物学哲学家们参与其中，促使讨论的焦点从具体的选择单位与层次问题，转向自然选择理论本身的抽象化与扩展应用。戈弗雷－史密斯将自然选择理论的抽象化分为经典进路与复制子进路两类。[5]经典进路主要从群组选择派的观点衍生而来，复制子进路主要由基因选择观点衍生而来，这两种进路成为后来进化生物学理论发展的重要方法论框架。

2. "经典进路"的兴起与发展

自然选择过程之抽象化表征，被引用最多的是陆文顿（R. Lewontin）

1　国内文献习惯将group selection译为"群体选择"，并将population译为"种群"。笔者认为，在21世纪以来的进化生物学哲学文献中，population和individual在语义上都有脱离特定生物组织层次的倾向，population不一定指构成物种的群体，去掉"种"字，译为"群体"可能较为合适，对于group一词，则建议译为"群组"，以区别于population一词，同时也突显出其介于个体与群体之间的中间层次的位置。

在1970年提出的版本。他从达尔文的自然选择理论中提炼出三个原则：[6]

（1）群体中的个体具有不同的形态、生理和行为（表现型的变异）；

（2）不同的表现型具有不同的生存和繁殖速率（分化的适应度）；

（3）父母和亲代具有遗传关联（适应度可遗传）。

他认为，只要具备这三个原则，群体就可通过自然选择发生进化，而不需要考虑具体的实现机制，比如遗传的具体机制。

维姆塞特认为，陆文顿表述的这三个要素，可压缩为"可遗传的适应度差异"（heritable variance in fitness）。这构成了进化发生的充分必要条件，以及作为自然选择单位的必要条件，但不是充分条件，因为满足这一条件的实体可能本身是自然选择的单位，也可能只是由选择的单位所组成。[7]梅纳德·史密斯（J. Maynard Smith）提出类似的表述，"如果一个群体具有增殖（multiplication，简称M）、变异（variation，简称V）、遗传（heredity，简称H），并且其中某些变异改变了增殖的概率，这个群体将会进化，使得群体中的成员具有适应性（adaptation）"。[8]格里塞默（J. Griesemer）将梅纳德·史密斯所说的"变异改变了增殖的概率"改称"适应度的差异"（fitness differences，简称F），并指出，增殖（M）、变异（V）、遗传（H）三者只是带来了群体的进化，但其进化不一定通过自然选择进行，即这三者只是生物实体作为进化单位的必要条件，只有M、V、H、F这四者共同存在，才构成作为自然选择单位的充分条件。[9]

综上所述，在经典进路的分析中，人们努力把抽象的自然选择机制从达尔文描述的具体过程中提炼和分离出来，这一机制中的"个体"已成为抽象的概念，可指称任何具体组织层次上的实体。经典进路不同版本的表述中，都包含了变异、遗传、分化的适应度这三个基本要素，是这个抽象意义上的"个体"的基本属性。

接下来的议题是自然选择抽象原理在多层次组织上的运用。陆文顿在1970年的论文中，尝试将他给出的自然选择抽象原理逐一运用在染色体、基因、细胞、有机体、亲族（kin）、群体等多个层次上。[6], pp.2-15 然而，这仍然不是真正意义上的"多层次选择"（multilevel selection，简称MLS），因为他没有考虑多层次上同时发生自然选择的情形。达姆思（J. Damuth）将MLS定义为："我们试图考虑一个嵌套的生物组织层级上同时发生两个或多个层次实体间自然选择的情况"。[10]对于MLS，多数层次上的单元会承担双重角色，一方面其组分是低层次的自然选择的对象，另一方面它们自身又成为本层次的自然选择单位，于是类似抽象化的"个体"概念，"群组"一词也不再具体指称有机体构成的群组，而是指称这种抽象意义上的双重角色。同时，原来传统的"个体—群体"框架也被扩展为"个体—群组—群体"的三层次框架，如图1所示。奥卡沙（S. Okasha）在其著作中则用了"颗粒（particle）—聚集（collective）—群体"的表述，其内涵是相同的。[11]

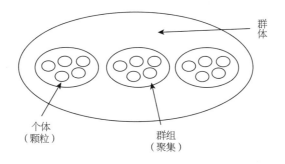

图1　三层次框架的示意图

达姆思指出，根据人们对"群组选择"概念的两种不同理解，实际上存在着两种不同的MLS模型。第一类模型将"群组选择"解读为群组层面的作用对群组组分个体的适应度影响，是基于组分个体的生存与繁殖来定义群组适应度，模型推导出来的主要是整个群体中不同类型个体的比例变化，简称为MLS1；第二类模型将"群组选择"解读为不同类型群组的频率变化，直接基于群组的持存与生成来定义群组适应度，模型推导出来的主要是群体中不同类型群组的比例变化，简称为MLS2。[10], p.410达姆思认为，过去人们错误地将MLS1和MLS2理解为互斥的不同过程，实际上没有一个模型可以单独代表MLS，两者都是MLS的不同方面，采取哪一个模型取决于待解释问题所处的层次。比如，利他行为是个体层面的性状，适合用MLS1模型来解释。威尔逊（D. S. Wilson）所建立的性状组（trait-group）模型即是MLS1的典型例子：首先，一个群体中的个体有自私和利他两类，两者先混在一起，然后聚集为若干群组，这些群组中有的利他个体比例低，有的利他个体比例高，在每个群组内部，利他个体都具有比较低的适应度，但利他个体比例高的群组，群组层次的适应度比较高。这样，群组内的选择有利于自私个体，群组间的选择则有利于利他个体，那么最后的选择结果取决于这两种选择的叠加作用。[12]先前温恩－爱德华兹（V. C. Wynne-Edwards）试图用群组层次上的选择，来解释利他性的进化，但未论及群组层次的适应度分化如何对个体层次的适应度产生影响。达姆思指出，温恩－爱德华兹使用的是MLS2模型，这对于解释个体层面的性状进化是不够的。[10], p.411 奥卡沙认为，MLS1和MLS2的重要区别是：在MLS2中，在群组层次上一定会有确定存在的父母—后代关系；在MLS1中，群组的作用只是在群体中产生内部结构，从而影响个体的适应度。群组的结构会重复出现，但不见得存在父母—后代关系。比如黏菌的聚集体，并没有父母与后代关系，因此不适用于MLS2模型，但适用于MLS1模型。[11], p.58

3.复制子进路的兴起与发展

复制子进路衍生自"基因选择"派的观点。其代表人物道金斯在《自私的基因》一书中指出，有机体、群组都不能长期稳定存在，群体虽长期存在，但经常发生混合，染色体也是如此，它们都因稳定性和独立性不够，不足以成为自然选择的单位，只有基因那样稳定自我复制的实体才能充当选择的单位。他构造了"复制子"一词来表示这类自我复制和延续的实体，而有机体、群组、群体等则被统称为"运载器"（vehicles），是保存和扩增它所承载的复制子的机器。[13]

赫尔承接了道金斯的复制子概念，但有更深刻的考虑。在他看来，经典进路中的"个体—群组—群体"框架虽然脱离了对具体组织层级的指称，但仍表示了部分和整体的层级结构关系。他的意图是完全脱离对组织层级关系的依赖，就好比当年爱因斯坦脱离对日常空间经验的依赖，采用非欧几何代替欧式几何作为物理学的空间概念框架。赫尔先将一般意义上的个体界定为"时空局部化的历史性整体"，然后按照功能的不同，区分出两类个体——复制子和作用子。复制子是"在复制中直接传递其结构的实体"，作用子是"作为一个凝聚的整体与环境相互作用，使得复制是分化的"。[14]他后来对"复制子"做了更加精致的界定：复制子是"在前后相继的复制中大体完整的传递其结构的实体"。[15]在道金斯那里，只有复制子是自然选择的单位，运载器的存在和作用是附属于复制子的；赫尔则将单一的"自然选择单位"概念消解为两种承担不同功能的个体，两者都是自然选择的单位。基于赫尔的概念体系，不同组织层次上的实体，从基因、染色体、有机体，到群体、物种，如果符合特定的条件和前提，都可在某种程度上被灵活视为复制子或作用子。

复制子进路明显偏离了经典自然选择理论的思路，从一开始就受到经典进路学派的诸多批评。这些批评主要可分为两类：一类是针对复制子概念"以偏概全"的问题，如阿维塔（E. Avital）和雅各布隆卡（E.Jablonka）从文化遗传、行为印记等非基因遗传（non-genetic inheritance）现象出发，认为父母与后代的相似才是根本的，可遗传性（heritability）不一定需要自我复制其结构的微粒，复制子只是信息传递的一种特定机制。[16]戈弗雷－史密斯也认为，复制子概念只包含了经典模式所概括现象中的子集，适应度变异的复制子是通过自然选择而进化的充分条件，但不是必要条件。[5], p.36另一类批评是针对复制子进路背后的不恰当预设，如格里塞默指出，复制子的忠实拷贝、长寿等特征，作用子的整体性等，被视为解释进化的基本属性，但它们实际上也是进化的产物，需要根据进化做出解释。[9], p.71戈弗雷－史密斯则批评了复制子进路背后的"作用者观点"（agential view），此观点预设进化过程中某些实体，为了追求某些目标和实现利益，（通过自我复制）长期持存并使用策略。他认为，进化并不需要预设某些实体长期存在，只要有新的实体连续产生，而新的实体与原来的实体可能有相似之处也有不同。[5], p.37

总的来说，复制子进路摆脱了对生物组织层级的依赖，建立了一套具有启发性的功能层级，促使人们关注原先在组织层级视角下被忽略的生物属性。但如上所述，此框架也包含一些难以克服的不足之处，比如这套预设的复制子—作用子功能层级，未能解释层级自身的生成问题。对这类问题的讨论和解决，带来了另一个热门议题——"进化跃迁"（evolutionary transitions）。

二、从共时结构到历时结构的扩展

"进化跃迁"是指生物组织低层次单元在进化过程中聚集，涌现出个体性，"跃迁"为高层次上的组成单元的过程。对该环节的重视和讨论，代表了进化生物学思想从共时视角到历时视角的转换，意味着人们不再把生物组织层级以及相关的属性视为自然选择发生作用的给定舞台和条件，而是将其视为一个整体的历时结构，需根据进化做出解释。

巴斯（L. Buss）在1987年出版的《个体性的进化》一书中，首次提出了进化语境中的"跃迁"概念。书名中"个体性"一词，是指基因组成同一性、早期的种质隔离、细胞发育分化等动物的特性，这些特性被新达尔文主义者当作给定的外生参数，而巴斯注意到，这些并不是对所有的分类群都成立，即使成立，也是进化的产物，需要根据进化做出解释。他的解释途径是关注细胞层次的选择与跃迁，并和有机体层次的选择综合在一起。[17]巴斯把研究进化跃迁的进路分为"基因的"（genic）和"层级的"（hierarchical）两种。这种二分类似于复制子进路和经典进路，但不完全相同，因为基因进路需要具体的预设并依赖于特定的问题语境。他本人倾向于"层级的"方法。[17], pp.174-179

1995年，梅纳德·史密斯和绍特马里（E. Szathmáry）出版了《进化中的大跃迁》一书。他们指出，该书论述的是进化过程中复杂性提高的机制和原因，复杂性的提高来自于进化历程中有关遗传信息传递方式的少数几次"大跃迁"（major transitions）。"大跃迁"是指进化史上的一系列重要转变事件，包括五个最重要的起源事件：染色体的起源、真核细胞的起源、有性繁殖的起源、多细胞有机体的起源、（昆虫）社会群落的起源。他们强调，大跃迁的共同点是：原先独立复制的多个生物学对象转变成一个新的整体中的组成部分，各个独立的复制子彼此依赖。[18]梅纳德·史密斯基于复制子进路，把进化跃迁视为遗传信息传递方式的转变，因而更多着眼于从分子到基因、细胞的跃迁过程，而对细胞层次之上的跃迁着墨较少。对此，格里塞默批评道，复制子不足以作为进化跃迁的单位，因为复制子是根据基因在信息传递中的功能而定义的，没有表征发育环节的功能，合理的进化跃迁单位必须既是发育的单元，也是遗传的单元。[9], p.77

米绍（R. E. Michod）把适应度（fitness）作为解释跃迁的核心概念，认为进化跃迁是低层次单元通过合作将适应度从低层次交换（trade）到高层次的过程。米绍的研究包括从基因到合作基因网络的跃迁、从基因网络到细胞的跃迁、从单细胞到多细胞有机体的跃迁等。他将单细胞有机体称为"最初的个体"，[19]可见个体的概念已被抽象地使用，不只是指称具体的有机体，这属于经典进路或前述的层级进路的思路；与此同时，他又使用了等位基因概念和群体遗传学模型，这属于基因进路。奥卡沙认为，基因进路和层级进路是互补的，而不是互斥的，米绍的工作很好地体现了两种方法的结合。[11], pp.227-228

奥卡沙的学生克拉克（E. Clarke）站在经典进路立场，做了理论的抽象化与整合的工作。她先借用维姆塞特对自然选择的简要表述，将进化跃迁定义为"群体中表现出来的可遗传的适应度差异在组织层次间的转换"，即把跃迁理解为自然选择从一个组织层次的群体变换到另一个组织层次的群体的过程，然后又使用前述的"三层次框架"，对进化跃迁进行抽象化表征（如图2所示）：跃迁之前的群体处于状态1，组分个体间存在自然选择，跃迁的过程中，个体逐渐聚集为多个中间层次的群组，群组个体性逐渐提升，最终跃迁为状态2中的"有机体"，而原来由个体（颗粒）构成的群体则跃迁为"有机体"构成的群体。[20]

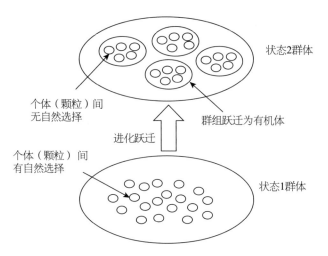

状态2群体

个体（颗粒）间
无自然选择

群组跃迁为有机体

进化跃迁

个体（颗粒）间
有自然选择

状态1群体

图 2　克拉克所定义的"进化跃迁"抽象示意图

三、从典范实体到非典范实体的扩展

生物学哲学初创时期，人们主要关注最成熟的进化生物学成果，对于发展中的分子生物学、微生物学等研究缺乏关注。如今，生物学哲学家们紧密跟踪前沿生物学进展，与生物学家密切交流合作，越来越多地关注之前忽视的非典范生物实体，包括无性繁殖的动植物、微生物群落、微生物与动植物的共生群落等。它们的个体划界本身存在诸多争议，如何将之前建立的表征和解释进化的概念体系与理论框架运用于这些生物实体？相关的研究大致包括两类：一类是以前述经典的"达尔文式个体"判断标准为基准，对各种不同生物实体根据其符合标准的程度分类，试图建立起完整的表征体系；另一类则从某些非典范生物实体的具体属性出发，对前一类工作建立的表征体系进行分析和修改。

第一类工作中，以戈弗雷-史密斯的"空间表征法"以及赫尔的"复制子—作用子"体系影响最广。因为达尔文式群体的基本属性——变异、遗传、适应度分化，都以繁殖为前提，戈弗雷-史密斯把对"达尔文式个体"的表征化归为对"繁殖者"（reproducer）的表征。他把"繁殖者"分为三类：

（1）集合繁殖者（collective reproducers），如高等动物个体，其特点是其组成部分（细胞）也具有繁殖能力；（2）简单繁殖者（simple reproducers），如细菌细胞，其自身内部包含独立繁殖的机制，该机制不是来于更低层次组分的繁殖，而是处于最低层次的独立繁殖者；（3）被支撑的繁殖者（scaffolded reproducers），如病毒和染色体等，其繁殖附属于更大的繁殖者（通常是简单繁殖者）繁殖过程的一部分，不能独立繁殖，但仍形成世系（lineages）。回顾前述"三层次框架"，"集合繁殖者"正对应着"群组"层次上的单元。接下来，他以"集合繁殖者"的三个有代表性的判断标准为坐标，建立起一个三维表征空间。这三个标准分别是：生殖瓶颈（bottleneck，简称B，指个体在世代间隔中经历一个单细胞或简单多细胞的狭窄化阶段）、种质/体质细胞分化（germ/soma distinction，简称G）、整合性（integration，简称I，包括内部分工、边界和功能整合）。不同的生物实体，根据其B、G、I的高低，落在了这个表征空间的某个特定位置。如图3所示，野牛群是B、G、I都最低的例子；海绵因其身体所有部分都可进行断裂繁殖，具有中等程度的整合性（I）；黏菌的黏变形体，一方面具有中等程度的整合性（I）和繁殖分工（G），另一方面是由大量单细胞聚集而成，不是从瓶颈化的繁殖体生长出来的，因此B为零；栎树以种子繁殖，具有高的I和B、中等的G；颤杨通过匍匐茎繁殖，具有高的I、中等的B和G。高程度的B、G、I指示了"典范的繁殖者"，低程度的B、G、I则指示了"边际化的繁殖者"。[5], p.95

　　第二类工作中，近年来被讨论最多的对象是生物膜（biofilm）与共生功能体（holobiont）。生物膜是不同微生物通过胞外聚合物基质结合在一起共同生活的群落，其中不同的原核生物相互接触，协同完成复杂的新陈代谢反应过程，并能频繁地进行平行基因传递。生物膜具有生命周期，包括了附着、黏结、成熟和脱离四个阶段，不同的环境条件下会产生不同的生物膜结构，在生命周期中有不同的外来菌株进入或离开。叶列谢夫斯基（M. Ereshefsky）和佩德罗索（M. Pedroso）先对照了戈弗雷-史密斯的体系，指出生物膜没有生殖瓶颈（B），有中等的种质/体质分化（G）和至少中等以上的整合性

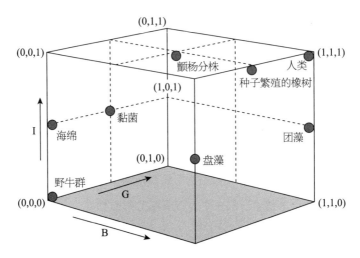

B：生物瓶颈　　G：种质/体质分化　　I：整合性

图3　戈弗雷-史密斯对"繁殖者"的空间表征

（I），没有清晰的亲代—子代世系，因此总体上不符合"达尔文式个体"标准，不过平行基因传递可在生物膜内分享新的变异基因，起到类似生殖瓶颈的效果。他们又对照了赫尔的体系，认为生物膜不能完整传递其基因组成，因此不是复制子，但是作为凝聚的整体，与环境的相互作用对组分复制子有统一效应（unitary effect），因此符合作用子的标准。[21]因此，虽然生物膜不满足经典进路的繁殖标准，但仍可归属为进化个体。他们以此为案例，进一步提倡不依赖于繁殖的"进化个体性"（evolutionary individuality）标准。[22]杜利特尔（W. F. Doolittle）提出更激进的观点：可将群落内的相互作用模式（interaction pattern）视为复制子，其以"招募"（recruitment）作为信息复制的机制，不一定要求遗传物质或微生物世界的精准传递，这好比一个乐队，其演出并不需要保持同样的人员。[23]克拉克则提出反对看法，指出生物膜不具备遗传机制来传递进化形成的新特征，内部协同作用还不具备整体效应，因此总的来说不满足陆文顿1970年总结的自然选择抽象原理的三个原则，自然选择只是作用于组分细胞上。[24]由此可见，分歧集中在对"自然选择"的理解上，经典进路派的哲学家仍恪守陆文顿提出的自然选择抽象原理，而杜利特尔作为科学家则对相关概念持有比较宽松的理解。

关于共生功能体，笔者在"国际生物学的历史、哲学和社会学研究协会"2011年大会报告中给出定义："一个共生功能体是由多细胞动植物有机体和生活在其体内的微生物群落组成的一个共生复合体。"按照代际传递共生菌的方式，共生功能体可分为纵向传递（vertical transmission）和横向传递（horizontal transmission）两类。纵向传递指寄主体内的共生菌会随着生殖细胞一同传递给下一代，横向传递是指寄主在出生后从周围环境中摄取共生菌，后者是当前生物学哲学界在讨论共生群落个体性时的焦点。戈弗雷-史密斯认为，横向传递的共生功能体可被视为有机体，但不是达尔文式个体，理由是体内共生菌不是从亲代传递过来的，因而整体上不具备亲代—子代关系，不符合繁殖者标准。[1], p.29 布思（A. Booth）也认同戈弗雷-史密斯的看法，并指出，如要将共生功能体视为作用子，还需解释不同物种是如何结合为复制子的。总的来说，他不排斥作用子观点，但提倡多元主义的视角。[25]后来杜利特尔和布思采用了对生物膜表征的类似思路，认为共生功能体中的相互作用模式也构成了自然选择的单位。[26]

基于对共生功能体的生物组织层级结构的仔细分析，笔者建议，可将共生菌的繁殖视为整个共生功能体的相关功能组件的发育过程。这一过程发生在寄主的瓶颈化过程（寄主从受精卵发育成幼体的过程）之后，时间上没有交叉，因此寄主的瓶颈化过程也可被视为整个共生功能体的瓶颈化过程；同时因为共生菌细胞只与寄主的体质细胞接触，其变异并不会导致寄主种质细胞的变异，因此也可被划归为共生功能体的体质细胞，符合种质/体质分离标准。由此推知，共生功能体其实符合戈弗雷-史密斯的"繁殖者"标准，并不需要预设新的概念体系。总体来说，杜利特尔对生物膜和共生功能体的表征方案使用了"作用模式"和"招募"等一系列有待澄清的概念，使得概念体系变得冗余，不符合奥卡姆剃刀的原则——"如无需要，勿增实体"。

四、不同维度的综合

综上所述，自然选择理论在当代的扩展演变，包括三个维度。维度一是自然选择对象从有机体层次到多层次组织上的扩展，自然选择单位与层次的讨论可视为这一维度上的前期工作，推动了自然选择理论抽象化的讨论，并建立起两类理论框架：在经典进路中，个体、群组、群体等概念脱离了具体的组织层次，指称抽象的"三层次"框架中的相对关系层级；在复制子进路中，复制子和作用子概念则完全脱离了与组成结构关系的关联，而指称一组功能关系层级。这两种框架构成了后续研究的基本思路和方法。维度二是从共时结构到历时结构的演变，维度三是选择对象从典范实体向非典范实体的扩展。整个发展过程如图4所示。接下来，笔者就未来研究中可能比较重要的几个方面给出自己的看法。

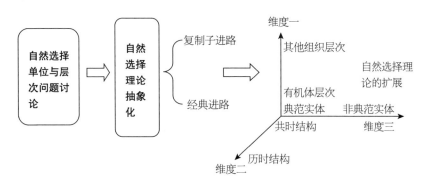

图4　自然选择理论当代扩展的逻辑示意图

第一，维度二和维度三有必要进一步综合。如前所述，在维度三上，随着对非典范生物的研究不断拓展和深入，原先用于判定达尔文式个体或自然选择单位的预设标准与对非典范生物实体的观察现象经常不相符，这种概念与对象间的张力将长期存在。这意味着，试图从典范生物身上提取出一系列属性，"一劳永逸"建立普适的进化解释框架和概念体系是不现实的，因为典范生物本身就是漫长进化的产物。对此，合理的做法是不要把解释框架与解释对象看成是截然二分的，要意识到解释框架中的要素也是需要通过进化解释的对象，从而一起纳入"进化跃迁"的历时结构中。在这个历时结构中，唯一被给定的是自然选择理论的硬核——变异、适应度分化、遗传三个原则。这三个要素具有逻辑自洽性，不依赖于具体的经验内容，由此衍生出的机制，比如前述的MLS1和MLS2模型，可以作为模块被灵活地组合使用。"某物是不是个体?"，此类问题不再是静态的、非黑即白的，而需要动态的、历时的描述分析。比如关于共生功能体个体性的问题，可以转化为对其进化跃迁过程的解释。在进化史中它们很可能经历了不同阶段，具备不同的个体性：开始先聚集为松散的群组，后来变成相对比较紧凑的群组，然后跃迁为个体性比较低的个体，最后产生一整套维持和提升个体性的机制，从而形成个体性更高的个体。

　　第二是经典进路与复制子进路在实际运用中的取舍，对此需要区分不同的场合。生物学家如梅纳德·史密斯和米绍，关心的是对具体的跃迁过程进行解释和描述，复制子进路虽然因其特定预设而具有局限性，但如果具体问题语境符合其预设，则能在特定问题的解释中发挥其理论价值。生物学哲学家们关心的则是建立一套一般性的抽象理论框架，此时经典进路更加合适，因为其使用的是抽象的个体、群组和自然选择机制，不依赖于具体的预设属性，因而比复制子进路有更高的理论普适性。

　　第三是在上述理论发展的基础上进一步"扩展综合"（Extended Synthesis）。2008年，16位著名生物学家和科学哲学家在奥地利召开会议，提出了"扩展综合"的纲领和口号。"扩展综合"是相对20世纪的"进化综合"而言，意味着进化生物学与其他生物学科进一步走向综合。实际上，前述自然选择理论在三个维度上的扩展运用已体现了这种趋势：在不同组织层次上的运用，意味着进化生物学与分子生物学、发育学、生理学等研究的综合；在非典范生物上的运用，则意味着进化生物学与植物学、微生物学、共生生物学等的综合；奥卡沙认为，从共时性到历时性的转换，是从属于当代进化生物学理论转换的一个更大趋势——把原来视为外生的（exogenous）、给定的"固定参数"内生化（endogenizing），这些外生参数在过去被看作其他分支学科的解释对象，现在被视为本学科的解释对象，纳入到整个进化机制之中进行动态分析。[11], p.220 这意味着，"进化跃迁"将为"扩展综合"的建模和表征提供有价值的理论框架，而自然选择的抽象机制因其普适性和逻辑自洽性，将在这个框架中起到不可替代的核心作用。

参考文献

[1] Godfrey-Smith, P. 'Darwinian Individuals' [A]. Bouchard, F. , Huneman, P. (Eds.) *From Groups to Individuals* [C]. Cambridge: MIT Press, 2013: 19-25.

[2] Darwin, C. *The Origin of Species* [M]. The digitally printed version. Cambridge: Cambridge University Press, 2009: 3.

[3] O'Malley, M. A. 'What Did Darwin Say about Microbes, and How Did Microbiology Respond?'[J]. *Trends in Microbiology*, 2009, 17(8): 344.

[4] Sterelny, K. , Griffiths, P. E. *Sex and Death: an Introduction to Philosophy of Biology* [M]. Chicago and London: The University of Chicago Press, 1999: 38.

[5] Godfrey-Smith, P. *Darwinian Populations and Natural Selection* [M]. New York: Oxford University. Press, 2009: 1−2.

[6] Lewontin, R. L. 'The Units of Selection'[J]. *Annual Review of Ecology and Systematics*, 1970, 1(1): 1−2.

[7] Wimsatt, W. 'Reductionistic Research Strategies and Their Biases in the Units of Selection Controversy' [A]. Nickles, T. (Ed.) *Scientific Discovery: Case Studies* [C], Dordrecht: D. Reidel, 1980: 236.

[8] Maynard, S. J. 'How to Model Evolution' [A]. Barber, B., Hirsh, W. (Eds.) *The Latest on the Best, Essays on Evolution and Optimality* [C], Cambridge: MIT Press, 1987: 120.

[9] Griesemer, J. 'The Units of Evolutionary Transition' [J]. *Selection*, 2001, 1(1): 68.

[10] Damuth, J. 'Alternative Formulations in Multilevel Selection' [J]. *Biology and Philosophy*, 1988, 3(4): 408.

[11] Okasha, S. *Evolution and the Levels of Selection* [M]. Oxford: Oxford University Press, 2006: 47.

[12] Wilson, D. S. 'A Theory of Group Selection' [J]. *Proceedings of the National Academy of Science (USA)*, 1975, 72(1): 143.

[13] Dawkins, R. *The Selfish Gene* [M]. Oxford: Oxford University Press, 1976: 12−20.

[14] Hull, D. 'Individuality and Selection' [J]. *Annual Review of Ecology & Systematics*, 1980, 11 (6): 311.

[15] Hull, D. *Science as a Process* [M]. Chicago: Chicago University Press, 1988: 408.

[16] Avital, E., Jablonka, E. *Animal Traditions: Behavioural Inheritance in Evolution* [M]. Cambridge:

Cambridge University Press, 2000: 359.

[17] Buss, L. *The Evolution of Individuality* [M]. Princeton: Princeton University Press, 1987: 3-4.

[18] Maynard, S. J., Szathmany, E. *The Major Transitions in Evolution* [M]. New York: Oxford University Press, 1995: 6-8.

[19] Michod, R. E. *Darwinian Dynamics* [M]. Princeton: Princeton University Press, 1999: xi.

[20] Clarke, E. 'Origins of Evolutionary Transitions' [J]. *Journal of Biosciences*, 2014, 39(2): 303-304.

[21] Ereshefsky, M., Pedroso, M. 'Biological Individuality: the Case of Biofilms'[J]. *Biology and Philosophy*, 2013, 28(2): 341-345.

[22] Ereshefsky, M., Pedroso, M. 'Rethinking Evolutionary Individuality' [J]. *PNAS*, 2015, 112 (33): 10129-10131.

[23] Doolittle, W. F. 'Microbial Neopleomorphism' [J]. *Biology and Philosophy*, 2013, 28(2): 371-373.

[24] Clarke, E. 'Levels of Selection in Biofilms: Multispecies Biofilms Are Not Evolutionary Individuals' [J]. *Biology and Philosophy*, 2016, 31 (2): 200-205.

[25] Booth, A. 'Symbiosis, Selection, and Individuality' [J]. *Biology and Philosophy*, 2014, 29 (5): 669-671.

[26] Doolittle, W. F., Booth, A. 'It Is the Song, Not the Singer: an Exploration of Holobiosis and Evolutionary Theory' [J]. *Biology and Philosophy*, 2017, 32(1): 11-21.

经典遗传学与分子遗传学之间的理论还原

张　鑫　李建会

一、引言

经典遗传学的主要研究目的在于解释子代性状值频率与亲代性状值频率之间的关系，而孟德尔模型是其主要解释工具。孟德尔模型包含两个核心预设：第一，针对生物体的某一性状，生物体的基因型决定了其性状值；第二，生物体的基因型由成对的等位基因构成，在形成配子时每一对等位基因分别进入两个配子。在这两个核心预设的基础上，孟德尔之后的研究者又添加了若干预设，包括位点间的相互作用和连锁、性连锁遗传、量化性状遗传等。[1]孟德尔模型是一个工具性模型，因为孟德尔模型的建立是在发现DNA双螺旋结构之前，模型建造者并不知道基因的物质基础是什么，模型中有关基因的种种预设并非对基因行为的观察性描述，而是为了解释子代性状值频率与亲代性状值频率之间的关系而提出的工具性预设。[1]因此，我们说经典遗传学基因属于理论实体。分子遗传学研究的内容十分广泛，但主要围绕着基因的行为规律展开，例如基因的复制、表达和调控等。[2]与经典遗传学基因不同，分子遗传学基因是DNA片段，属于物理实体。人们通常认为经典遗传学能够被还原为分子遗传学，这一观点在遗传学教材中得到了充分的体现，因为大部分遗传学教材将经典遗传学与分子遗传学整合为一体，就好像二者同属于一个理论。该观点的直接衍生物是基因中心论，即生物体的基因决定其性状值，因为如果经典遗传学能够被还原为分子遗传学，那么经典遗传学基因与分子遗传学基因就是等同的，后者就能够像前者那样决定生物体的性状值。基因中心论不仅盛行于公众媒体，而且盛行于科学家群体，例如在今天的生物医学研究中，科学家的主要工作之一是寻找各种"……的基因"，这正是基因中心论的体现。然而，近年来发育系统理论（developmental systems theory, DST）向基因中心论发起了挑战，指出基因中心论过分夸大了基因在生物体发育中的作用，并且忽视了环境和偶然性因素扮演的重要角色。[3]在基因中心论与发育系统理论的论战中，我们认为一个关乎胜负的问题在于经典遗传学能否被还原为分子遗传学，因为正如前面指出的，基因中心论是经典遗传学能够被还原为分子遗传学这一观点的直接衍生物。基于此，本文将围绕经典遗传学与分子遗传学之间的关系展开讨论。生物学哲学中，有关二者之间关系的讨论主要围绕着理论还原展开，[4]故而我们首先在第二部分对内格尔理论还原进行描述。随后，我们在第三部分对二者为何不能构成理论还原进行综述，我们认为相关的反理论还原论证主要集中在两个方向，分别为有关生物学知识结构的讨论和有关桥梁原则的讨论。第四部分中我们提出经典遗传学与分子遗传学实际上构成半同构半非同构的关系。

二、内格尔理论还原及桥梁原则的发展

1.内格尔的理论还原概念

内格尔理论还原的核心思想是，定律B被还原为定律A（或定律集合A），当且仅当A和B满足可推导性条件（condition of derivability）和可连接性条件（condition of connectivity）。[5]可推导性条件说的是，以还原定律A（或定律

集合A）和桥梁原则为前提，能够推导出被还原定律B。可连接性条件指的是，定律B的特征概念能够与定律A（或定律集合A）中的概念通过某种表达式联系起来，内格尔将表达这种联系的表达式（可以是语句、数学公式等多种形式）称作桥梁原则（bridge principles）。内格尔将桥梁原则分成了三个类型：第一种是逻辑型桥梁原则，其中被还原定律B中的特征概念通过意义与还原定律A（或定律集合A）中的概念联系起来；第二种是约定型桥梁原则，其中被还原定律B中的特征概念通过约定与还原定律A（或定律集合A）中的概念联系起来；第三种是经验型桥梁原则，其中被还原定律B中的特征概念通过定律与还原定律A（或定律集合A）中的概念联系起来。[5]内格尔认为理论还原过程本质上是科学解释过程，因为逻辑实证主义的演绎—规律论模型（deductive-nomological model，简称D-N模型）[6]认为科学解释本质上是从解释者（explanans，用于解释待解释现象的一组句子）到待解释者（explanandum，描述待解释现象的一个句子）的演绎过程，而内格尔理论还原正是一个从还原定律到被还原定律的演绎过程。

2.内格尔理论还原中桥梁原则的发展

在内格尔之后有关理论还原的讨论中，桥梁原则通常被认为属于定律（laws）且具有以下一般形式：

$$Mx \leftrightarrow Nx$$

其中，x表示主词，↔表示等同关系（identity），M表示被还原定律中的特征概念，N表示还原定律中的概念，二者在箭头的两端分别充当谓词，且当M和N为实体概念时，M与N分别为被还原定律所属领域和还原定律所属领域中的自然类。[7][8][9][10]等同关系是桥梁原则中的核心概念，我们认为它在相关的讨论中可分为三种类型，即事件等同关系、意义等同关系和推出等同关系。事件等同关系之下，桥梁原则Mx↔Nx表示任何一个"x是M"事件等同于一个"x是N"事件，同时，任何一个"x是N"事件都等同于一个"x是M"事件。[7], pp.97-115换句话说，假定所有"x是M"事件构成一个集合，所有"x是N"事件构成一个集合，那么这两个集合相等。意义等同关系之下，桥梁原则Mx↔Nx表示M与N的意义相同。[8]人们通常认为意义等同关系比事件等同关系更加严苛，[8]因为尽管在事件等同关系和意义等同关系中每一个"x是M"事件必然都是"x是N"事件，每一个"x是N"也必然都是"x是N"事件，但事件等同关系中的"是"是经验上的、偶然的"是"，而意义等同关系中的"是"只能是意义上的、必然的"是"。因此，如果M和N满足意义等同关系，那么二者必然满足事件等同关系，但如果M和N满足事件等同关系，那么二者却未必满足意义等同关系。然而，我们认为意义等同关系与事件等同关系事实上是等价的，即我们不仅能够从意义等同关系推出事件等同关系，还能够从事件等同关系推出意义等同关系，因为假定M与N满足事件等同关系，则"x是M"与"x是N"是同一事件，此时如果M和N的意义不同，那么"x是M"与"x是N"描述的就是x两个不同的层面（例如，"x是波长为γ的光"与"x是红色的光"描述的就是x的两个层面，前者为物理性质层面，而后者为主观视觉层面），我们认为这样一来"x是M"与"x是N"描述的就是两个不同的事件，尽管这两个事件总是互相伴随的（例如，"x是波长为γ的光"与"x是红色的光"总是相互伴随的，但前一个事件是有关x的物理性质的，而后一个事件是关于x给予人的视觉感受的），而这与我们预设的"x是M"与"x是N"是同一事件矛盾。推出等同关系之下，桥梁原则Mx↔Nx表示从"x是M"能够推出"x是N"，从"x是N"能够推出"x是M"。推出等同关系是比事件等同关系和意义等同关系都宽松的等同关系。具体而言，如果M和N满足事件等同关系或意义等同关系，那么每一个"x是M"事件都是"x是N"事件，每一个"x是N"事件都是"x是M"事件，因此"x是M"显然是"x是N"的充分必要条件，即二者满足推出等同关系。然而另一方面，如果M与N满足推出等同关系，二者却未必满足意义等同关系，因为由"x是M"是"x是N"的充分必要条件并不能推出M与N的意义相同。例如，根据牛顿第二定律，在地表附近"x受到重力G"与"x具有质量G/g"（g表示地表附近的重力加速度）满足推出等同关系，然而重力与质量的意义并不相同，因此尽管重力和质量满足推出等同关系，却并不满足意义等同关系。

又因为我们已经论证过意义等同关系与事件等同关系等价，所以二者也不满足事件等同关系。综上所述，三种等同关系的严苛程度排序为意义等同关系=事件等同关系>推出等同关系，因此反理论还原者若要表明经典遗传学和分子遗传学之间不能建立起桥梁原则（三种等同关系中任意一种意义上的桥梁原则），只需表明二者之间不能建立起推出等同关系意义上的桥梁原则即可，而这正是下文反理论还原论证采取的主要策略。

三、经典遗传学与分子生物学之间理论还原的失败

1.反理论还原论证一：有关生物学知识结构的讨论

内格尔理论还原的参与者一般被限定为定律或理论假定，而在后来有关理论还原的讨论中，理论还原的参与者在很多情况下被进一步限定为定律。[5] [7] [8] 上述限定显然是以物理学的知识结构为基础的，因为定律和理论假设是物理学的主要知识单位。然而，生物学的知识结构与物理学有着显著的区别，定律和理论假定并非生物学的主要知识单位，生物学的主要知识单位是机制，而机制描述的通常是一个系统各个部分之间的相互作用，其目的在于解释系统的某一性质。例如，发育生物学主要研究的是受精卵通过分裂和分化最终发育为成熟生物体的过程，而有关这一过程的知识就是由大量的机制构成的，其中包括卵细胞中的母体物质（主要为蛋白质和mRNA）如何指导受精卵分裂（cleavage）成为分裂球（blastomere）以及如何通过浓度梯度对分裂球不同区域细胞的发育命运进行特化（specification），分裂球如何通过细胞迁移（migration）形成由外胚层、中胚层和中胚层构成的原肠胚（gastrula），原肠胚不同胚层的细胞如何相互诱导特化并最终迁移发育成成熟个体的各种组织。在整个发育生物学知识中，我们几乎找不到形如物理学定律和理论假定的知识结构。同样的情形发生在分子遗传学之中，转录、翻译以及基因调节这些重要的分子生物学知识都是以机制的形式存在的，在其中我们找不到任何形如物理学定律和理论假定的知识结构。正是基于生物学与

物理学知识结构的上述区别，反理论还原论者指出，内格尔理论还原的参与者被限定为定律和理论公设，而分子遗传学中又几乎不存在定律和理论假定，因此经典遗传学不可能被理论还原为分子遗传学。[14]严格来说，这一反还原论证真正要表达的并不是"经典遗传学不能被还原为分子遗传学"，而是"讨论二者之间的理论还原是没有意义的"，因为分子遗传学的知识结构特点（几乎不包含定律和理论假定）决定了它根本不具备参与理论还原的资格。事实上，后来提出的解释还原正是依据分子遗传学的知识结构特点量身设计的，因为解释还原关注的是，对于一个系统的性质而言，是否存在能够解释这一性质的、仅仅包含系统各部分之间相互作用的机制。[4]

2.反理论还原论证二：有关桥梁原则的讨论

经典遗传学中最重要的特征概念之一是"经典遗传学基因"。表面上看，我们不需要通过桥梁原则将其与分子遗传学中的概念联系起来，因为基因概念同样存在于分子遗传学中。然而我们在引言中已经提及，经典遗传学基因与分子遗传学基因实际上具有显著的区别。具体而言，分子遗传学基因是物理实体（一些特殊的DNA片段），而经典遗传学基因是孟德尔模型中的理论实体，引入该理论实体的目的在于让孟德尔模型的预测与经验相符，而模型建造者并不知道该实体是否存在以及该实体的物质构成是什么。因此，要想构成经典遗传学到分子遗传学的理论还原，我们需要通过桥梁原则将经典遗传学基因与分子遗传学基因联系起来。具体而言，我们需要两类相关的桥梁原则，第一类桥梁原则连接的是泛指的经典遗传学基因和泛指的分子遗传学基因，第二类桥梁原则连接的是特指的某一类经典遗传学基因和特指的某一类分子遗传学基因（例如经典遗传学中的血红蛋白基因和分子遗传学中的血红蛋白基因）。相关讨论中少有对这两类桥梁原则的区分，然而本文认为这两类桥梁原则不能搭建起来的原因有着细微的差别，因此对这两类桥梁原则加以区分。

第一类桥梁原则可以记作"经典遗传学基因x↔分子遗传学基因x"。其中，我们将↔理解为推出等同关系，因为根据第二部分的讨论，如果"经典遗传学基因x"和"分子遗传学基因x"不满足推出等同关系，那么它们一定不满足意义等同关系和事件等同关系。首先来看←这个方向，该方向读作"如果x是分子遗传学基因，那么x是经典遗传学基因"。孟德尔模型中，经典遗传学基因最核心的特征在于，针对某一性状，每个经典遗传学基因型决定一个性状值。然而，分子遗传学基因并不具有这个特征，原因如下：第一，生物体性状值的生成过程由众多生物学成分（包括分子生物学基因、环境因素和偶然因素）共同参与，而根据其他生物学成分、环境和偶然因素的不同，一个分子生物学基因型可能与同一性状的多种性状值相关。一个典型案例是反应规范（reaction norm）。生物体性状的表达具有可塑性，即同一基因型在不同环境中可能表达出同一性状的不同性状值。如果这些可能的性状是连续的（例如身高），那么我们就将这种性状值的可塑性称作反应规范。[15]反应规范广泛存在于生物界中。例如，同一株植物的叶片形态会随着其发育环境中光照强度的变化而变化，当其生长在光线较暗的环境中时，其可用于光合作用的光子数量相对较少，此时植物的叶子相对于生长在较明亮环境中的植物叶子而言较小且较薄。[15]第二，即便我们抛开反应规范的存在，假定就一个性状而言一个分子遗传学基因型仅仅对应一个性状值，我们也不能说一个分子遗传学基因型决定了一个性状值。[11][12][13]例如，我们考虑单倍体生物体的一个基因位点L，假定这个位点上的两个分子遗传学等位基因A和a分别编码多肽M1和M2，且M1和M2同属于多肽链类M，此时如果我们将M看作生物体的性状，那么M1和M2便是M的两个性状值。我们继续假定对性状M而言基因型A不存在反应规范，即不论在何种环境条件和偶然因素下，基因型A都仅仅对应性状值M1，此时反理论还原者认为我们仍然不能说分子遗传学基因型A决定了性状值M1，因为M1生成过程的参与者不仅包括分子遗传学基因A，还包含大量其他的生物学成分、环境因素和偶然性因素，它们共同决定了生物体表现出性状值M1。[11][12][13]具体而言，在分子遗传学基因A的表达过程中，基因转录的起始、内含子和外显子的剪接、转录后生成的nRNA的修饰、mRNA的翻译以及多肽链的修饰都需要除分子遗传学基因A以外的大量生物学分子的参与（如增强子、RNA聚合酶II、剪接子），如果生物体缺少了这些生物学分子，那么分子生物学基因A是无法表达出多肽链M1的，因此尽管分子生物学基因型A仅仅对应M1一个性状值，但该性状值并非由A决定，而是由A和其他众多生物学成分共同决定的。基于上述两个原因，绝大多数的分子遗传学基因并非经典遗传学基因，因此，←这个方向的桥梁原则并不成立。下面我们来看→这个方向，该方向的桥梁原则读作"如果x是经典遗传学基因，那么x是分子遗传学基因"。我们认为，这一命题的绝佳反例来自表观遗传。在分子层次上，表观遗传机制指的是一些能够调控基因表达却又不改变基因碱基序列的生化机制，例如DNA甲基化和核小体组氨酸修饰就是两种重要的表观遗传机制。[16] [17] [18]表观遗传机制对基因表达的调控有些是可以从亲代传达到子代的，这种遗传现象被定义为表观遗传。以DNA甲基化为例，DNA甲基化通常发生在基因的启动子区域，甲基化的结果通常是抑制该基因的表达。细胞中某个基因被甲基化后，细胞分裂时该甲基化修饰能够在甲基转移酶Dnmt1的作用下被复制到子代细胞同一基因的同一位置上；如果该细胞为生殖细胞（germ cells），那么该甲基化修饰就进入了配子之中；而如果具有该甲基化修饰的配子参与了受精卵的构成，那么亲代个体的甲基化修饰就遗传到了子代个体之中，这便构成了一个表观遗传现象。接下来，我们将表明甲基化修饰可以看作一种类经典遗传学基因。假定一双倍体群体某染色体某一位点有两种等位基因A和a，同时，两种等位基因的启动子都可能发生甲基化，我们将A和a的甲基化修饰分别记作MA和Ma，我们假定经过甲基化修饰的A和a不发生基因表达。我们接下来考察MA和Ma是否具有经典遗传学基因的特征。第一，与经典遗传学基因类似，MA和Ma分别对应一个性状值，实际上，这两个性状值是一样的，即"不表达该位点对应的蛋白质"。第二，与经典遗传学基因相似，每一个体（双倍体）携带有MA、Ma、A和a之中的两个，且这两个的组合（类似基因型）与该个体相关性状的性状值相关。第三，与经典遗传学基因类似，MA、Ma、A和a四者之间存在显隐关系，例如，A相对MA为显性，a相对Ma为显性，MA相对 Ma 为共显性。第四，与经典遗传学基因类似，亲代形成配子时亲代的 MA、Ma、A 和 a 的组合分别进入两个配子，这也就是上面提到的表观遗传现象。这样来看，MA 和 Ma 极其近似经典遗传学基因，然而，二者显然并非分子遗传学基因，因此，→这个方向的桥梁原则不能成立。至此，我们已经表明第一类桥梁原则的两个方向都不成立。

　　第二类桥梁原则可以记作"（经典遗传学基因 G）x↔（分子遗传学基因 g）x"，其中 G 和 g 分别代表特指的某一类经典遗传学基因和分子遗传学基因，此处我们假定 G 和 g 分别代表经典遗传学的豌豆红花基因和分子遗传学中的豌豆红花基因。在经典遗传学中，G 这个类之下通常不会再有子类，例如，在孟德尔遗传模型中，我们通常只会设定存在一类豌豆红花基因 A，而不会将 A 再细分为各个子类。而在分子遗传学中，g 这个类下却往往存在诸多子类，不同子类具有不同的 DNA 序列，但其编码的蛋白质功能大致类似，即都参与豌豆红花性状的发育。例如，DNA 的密码子具有冗余性（redundancy），即密码子的数量大于密码子决定的氨基酸的数量，这种冗余性的结果是某些氨基酸可以由多个不同的密码子决定。[2] 我们假定 g 之下的一个分子遗传学等位基因 g1 的某个密码子发生了单核苷酸的替换，且替换后的密码子与替换前的密码子编码同一种氨基酸。我们将发生替换后的分子遗传学等位基因记作 g2。g2 与 g1 编码相同的蛋白质，因此都属于分子遗传学中的豌豆红花基因，但二者的序列并不相同，因此属于 g 之下的两个子类。由于 g 之下存在若干子类，上述桥梁原则可以写作

$$Gx ↔ (g1...gn)x$$

其中，右边读作"x 是 g1 或 ... 或 gn"，g1...gn 代表 g 之下的子类，每个子类中的基因具有相同的碱基序列。容易看出，上述对第一类桥梁原则的反驳表明这个关系并不成立，但我们姑且假定其成立，那么这一关系就构成了一个多重实现关系，即一类经典遗传学基因 G 可以由多类分子遗传学基因 g1...gn 实现。[6] 反理论还原论者 [11] [12] [13] 认为 Gx↔（g1...gn）x 这一多重实现关系不符合桥梁原则的条件，因为桥梁原则 Mx↔Nx 两侧的 M 和 N 需为相关领域中的

自然类（当M和N表示实体概念时），而上述多重实现关系右侧的g1...gn不属于自然类，因为有一类观点认为自然类就是出现在定律一般形式S1x↔S2x两侧的实体概念，[7]而在分子生物学中我们找不到形如（g1...gn）x↔S2x或S1x↔（g1...gn）x这样的定律，因此g1...gn不属于自然类，因此Gx↔（g1...gn）x这一多重实现关系不符合桥梁原则的条件。基于此，反理论还原者认为第二类桥梁原则作为一种多重实现关系不符合桥梁原则的形式要求，因此不能作为桥梁原则存在。

综合以上对两类桥梁原则的讨论，我们似乎找不到能够将经典遗传学基因和分子遗传学基因连接起来的桥梁原则。因此，理论还原的可连接性条件不能得到满足，经典遗传学不能被还原为分子遗传学。然而不难看出，这一反还原结论是建立在上述对桥梁原则严苛的形式要求之上的，这些形式要求在内格尔本人那里并不存在，是在后来的讨论中逐渐发展出来的。因此，针对上述反还原结论，理论还原的支持者完全可以通过质疑桥梁原则过于严苛的形式要求进行反击。事实上，后来提出解释还原可以看成这种反击的一个变体，因为解释还原极大地松绑了理论还原包括桥梁原则在内的一切形式要求，以至于在解释还原中我们根本找不到桥梁原则这个概念。然而与理论还原不同，解释还原并不关注经典遗传学是否能够还原为分子遗传学，它关注的是整体的性质能够仅仅通过部分的性质获得解释，[4]这与本文的关注点缺乏直接关联，因此本文将不对解释还原做进一步的讨论。

四、经典遗传学和分子遗传学之间的关系：半同构半非同构

如果经典遗传学与分子遗传学之间不能构成理论还原关系，那么这两门学科之间究竟存在怎样的关系呢？本文认为，经典遗传学与分子遗传学之间存在半同构半非同构关系。前文提到，在分子遗传学出现之前，经典遗传学中的孟德尔模型仅仅是一个工具性模型，模型中的每一条预设都并非对生物学事实的描述，提出这些预设仅仅是为了让模型的预测与经验

相符合。[1]因此，尽管孟德尔模型的预测结果的确与一部分经验相符合，但这并不代表孟德尔模型与经验必然存在同构关系（isomorphism），即孟德尔模型中的实体与经验中的实体构成一一对应的关系。然而，分子遗传学出现后，人们立即发现孟德尔模型虽然作为一个工具性模型被提出，但该模型与经验之间有着显著的同构关系。例如，经典遗传学基因成对出现，分子遗传学基因在双倍体生物中通常也成对出现（性染色体和线粒体中的基因除外）；一个经典遗传学基因对应一个性状值，一个分子遗传学基因在早期被认为仅仅编码一种多肽链；经典遗传学中的等位基因在形成配子的过程中分离并分别进入两个配子，分子遗传学中的等位基因在形成配子的过程中也分离并分别进入两个配子。因此，经典遗传学与经验或者说分子遗传学之间的确存在一定的同构关系，而正是这种同构关系使人们认为经典遗传学已经被还原为分子遗传学。事实上，经典遗传学与分子遗传学的同构关系充分地体现在有关遗传学基础理论的各类教材之中，因为这些教材通常将经典遗传学中的孟德尔模型与分子遗传学整合在一起，就好像二者属于同一个理论。例如，这些教材通常不会区分经典遗传学基因和分子遗传学基因，它们给读者的感觉是，孟德尔当时所说的基因其实就是分子遗传学基因，只是孟德尔当时并不知道而已。然而，经典遗传学与分子遗传学实际上存在明显的非同构关系。例如前文提及，经典遗传学基因与分子遗传学基因并不完全相同。孟德尔基因仅仅是一个理论实体，它不仅包括分子遗传学基因；一切行为特征与孟德尔基因相同的实体都可以说是孟德尔基因，例如前文提到的DNA的甲基化修饰。又例如，前文曾说分子遗传学基因并不完全符合孟德尔基因的行为特征，例如在反应规范的案例中，一个分子遗传学基因可能对应同一性状的多个性状值，而孟德尔基因通常只对应同一性状的一个性状值。这些都是两个学科非同构关系的体现。然而，从上面有关遗传学教材的例子可以看出，人们往往过度强调经典遗传学与分子遗传学的同构关系，而忽视了二者的非同构关系，其结果就是基因中心论盛行，认为分子遗传学基因同经典遗传学基因一样决定着生物体的性状值，或者说，生物体的性状值被以信息的形式"写在"DNA"蓝图"（blueprint）之中，生物体的发育过程不过是这一蓝图的展开（unfolding）。[3] 例如，在今天的生物医学研究中，科学家的主要工作之一是寻找各种"……的基因"，这正是基因中心论的体现。然而，生物体的性状值并非仅仅由各种"……基因"决定，而是基因、环境和偶然因素在一个发育系统中相互作用的结果，同样的基因在不同的发育系统中往往对应完全不同的性状值，我们把这一现象叫作基因表达的情境依赖（context-dependent）。[3] 因此，我们赞同发育系统理论的观点，认为未来的生物学研究应当更加关注二者的非同构关系，不再拘泥于基因中心论，将生物体的性状值看作发育系统在发育过程中体现出来的性质。[3]

值得一提的是，既然经典遗传学与经验之间存在非同构关系（因为经典遗传学与分子遗传学存在非同构关系，而分子遗传学与经验存在高度同构的关系），而分子遗传学显然与经验之间构成同构关系，那么为什么生物学家们并没有完全抛弃经典遗传学，而是将其修订后保留在生物学（例如群体遗传学）之中呢？本文认为，第一个原因在于尽管理论上我们能够通过分子遗传学解释经典遗传学试图解释的遗传现象，但孟德尔模型在某些情境下相比分子遗传学有更多的实用价值。以群体遗传学中一个简单的自然选择模型为例，假定在一双倍体群体中我们通过相关参数估算出等位基因A的适合度为w1，等位基因a的适合度为w2，我们将适合度看作性状并将其取值看作性状值，与此同时我们假定A对a呈显性，此时如果给出A→a的突变率（假定只存在这个方向的突变）及有关该生物群体的一系列假定（例如群体足够大、个体间随机交配等），那么我们就能够计算出该生物群体A和a基因频率随时间的变化，而这样的自然选择模型在某些情境中能够解释生物学群体A和a基因频率的真实变化。这一模型显然属于经典遗传学中的孟德尔模型，因为该模型预设一个等位基因仅仅对应一个性状值且一个基因型决定一个性状值，而这正是孟德尔模型最显著的两大特点。按照前文所述，这两个预设都是不正确的，因为生物体的性状值绝非仅仅由基因决定。然而孟德尔模型之所以仍然能够解释某些群体的基因频率变化，原因在于这些群体中基因以外的与性状值相关的因素（环境因素和偶然性因素）恰好都得到了控制，即这些因素在个体间存在较少差异。在这样的情境下，基因差异成了性状值差异的主要原因，而这等效于模型中预设的一个等位基因仅仅对应一个性状值且一个基因型决定一个性状值。试想如果我们完全抛弃上述经典遗传学中的模型，完全依靠分子遗传学来解释群体基因频率的变化，此时我们不仅要考虑A和a，还要考虑整个基因组、各种环境因素和偶然性因素，这将给解释带来极大的难度。因此，在这一情境中，经典遗传学作为一种近似，抓住了待解释现象中的主要因素（即基因），从而大大简化了解释过程。我们认为科学家们保留经典遗传学的第二个原因在于经典遗传学可以为分子遗传学提供宝贵的研究线索。还是以上述自然选择模型为例，假设我们通过这个模型得到的等位基因的变化规律与经验严重不符，我们就有理由怀疑该模型预设的正确性。例如，我们可能怀疑A和a所在位点并非决定相关性状的唯一位点，或者我们可以怀疑A和a之间并非完全是显性关系。而这就为相关的分子生物学研究提供了线索，例如我们可以寻找与该性状相关的其他位点，或者研究A和a之间究竟是怎样的显隐关系以及这种显隐关系背后的机制。由此可见，尽管经典遗传学不像分子遗传学那样与经验高度同构，但前者依然拥有重要的实用价值。本文认为这正是它至今依然广泛应用于生物学研究的重要原因。

五、结论

尽管经典遗传学向分子遗传学的还原看上去是理所当然的，但本文对二者间理论还原的综述表明，经典遗传学并不能被理论还原为分子遗传学。原因如下：第一，理论还原的参与者是定律或理论假设，但分子遗传学中几乎不存在这两类知识内容，其主要知识单位是机制；第二，理论还原要求经典遗传学基因和分子遗传学基因之间能够建立桥梁原则，但由于反应规范等现象的存在，桥梁原则无法建立。事实上，两个学科之间不能构成理论还原的观点在生物学哲学家中已经得到普遍认可。[4]进一步，本文提出，经典遗传学与分子遗传学实际上构成半同构半非同构的关系。其中，二者的同构关系一方面让经典遗传学在某些情境下比分子遗传学更具实用价值，另一方面让经典遗传学能够为分子遗传学提供宝贵的研究线索，本文认为这正是经典遗传学被保留在生物学中的原因。然而，人们对非同构关系的忽视导致基因中心论盛行，而发育系统理论的兴起指出了基因中心论的严重不足，即忽略了生物体的性状值是发育的结果，而发育是基因、环境和偶然因素共同作用的结果。[3]基于经典遗传学和分子遗传学半同构半非同构的关系，本文认为未来的生物学研究一方面要善用两个学科的同构性，另一方面也要警惕，这种基于同构性的研究实际上是一种近似，只有在某些限定条件下才能够有意义地进行，其研究结果也只在这些限定条件下才成立。

参考文献

[1] Sarkar, S. *Genetics and Reductionism* [M]. Cambridge: Cambridge University Press, 1998, 101−135.

[2] Gilbert, S. F. *Developmental Biology*, Tenth edition[M]. Sunderland: Sinauer Associates, 2014, 32−64.

[3] Oyama,S., Griffiths, P. E., Gray, R. D. *Cycles of Contingency: Developmental Systems and Evolution* [M]. Cambridge: MIT Press, 2003, 1−13.

[4] Brigandt, I., Love, A. 'Reductionism in Biology' in The Stanford Encyclopedia of Philosophy. https://plato.stanford.edu/archives/spr2017/entries/reduction-biology/2017-2-21.

[5] Nagel, E. *The Structure of Science: Problems in the Logic of Scientific Explanation* [M]. Indianapolis: Hackett, 1979, 345−380.

[6] Hempel, C. *Aspects of Scientific Explanation: and Other Essays in the Philosophy of Science* [M]. Michigan: Free Press, 1965, 229−331.

[7] Fodor, J. A. 'Special Sciences (or: the Disunity of Science as a Working Hypothesis)' [J]. *Synthese*, 1974, 28(2): 97−115.

[8] Causey, R. L. 'Attribute-Identities in Microreductions' [J]. *The Journal of Philosophy*, 1972, 69 (14): 407−422.

[9] Causey, R. L. 'Uniform Microreductions' [J]. *Synthese*, 1972, 25(1): 176−218.

[10] Sklar, L. 'Types of Inter-Theoretic Reduction' [J]. *The British Journal for the Philosophy of Science*, 1967, 18 (2): 109−124.

[11] Hull, D. L. 'Reduction in Genetics-Biology or Philosophy?' [J]. *Philosophy of Science*, 1972, 39 (4):

491−499.

[12] Hull, D. L. *Philosophy of Biological Science* [M]. California: Prentice-Hall, 1974, 1−148.

[13] Kitcher, P. '1953 and All That. A Tale of Two Sciences' [J]. *The Philosophical Review*, 1984, 93 (3): 335−373.

[14] Rosenberg, A. *Darwinian Reductionism: Or, How to Stop Worrying and Love Molecular Biology* [M]. Chicago: University of Chicago Press, 2006, 25−55.

[15] Sultan, S. E. *Organism and Environment: Ecological Development, Niche Construction, and Adaption* [M]. New York: Oxford University Press, 2015, 20−31.

[16] Morris, J. R. 'Genes, Genetics, and Epigenetics: a Correspondence' [J]. *Science*, 2001, 293 (5532): 1103−1105.

[17] Bateson, P., Gluckman, P. *Plasticity, Robustness, Development and Evolution* [M]. Cambridge: Cambridge University Press, 2011, 31−63.

[18] Duncan, E. J., Peter, D. G., Peter, K. D. 'Epigenetics, Plasticity, and Evolution: How Do We Link Epigenetic Change to Phenotype?' [J]. *Journal of Experimental Zoology Part B: Molecular and Developmental Evolution*, 2014, 322 (4): 208−220.

进化生物学与目的论：试论"进化"思想的哲学基础

双修海　　陈晓平

自1859年达尔文进化论提出以来，今天的生物学早已不是达尔文时代的样子。然而，如果要追溯今日生物学成就的源头，达尔文可谓居功甚伟。理论上，"进化"的哲学基础是一个值得探讨的重要话题。只不过达尔文是一位科学家，这一问题并未引起他的充分注意。迈尔（Ernst Mayr）也是如此，我们从他对目的论概念的经验性阐释便可窥知。本文指出，"进化"是相对于人的"先验目的"而言的，因此康德的先验目的论理应成为进化的哲学基础。下面让我们从达尔文的进化论谈起。

一、达尔文的进化论与神学目的论

达尔文的《物种起源》是"一篇很长的论证"（one long argument），但概括起来，它无非围绕两个核心论点展开，即进化和自然选择。二者的关系是，自然选择是进化最为重要的原因。进化论是针对"特创论"（Creationism）而提出的。特创论认为，物种是通过特别创造（separate creation）而形成的，每一物种都有属于自己的祖先。宗教版的特创论甚至认为，现实存在的形形色色的物种都是由上帝独立创造出来的。这些看法遭到达尔文进化论的坚决反对。

达尔文认为，倘若人们对不同生物之间的胚胎、亲缘联系，以及它们的地质、地理状况等重要事实详加分析和考量，那么就会在物种起源问题上获得这样的看法：所有物种的产生，并非如特创论主张的那样是被独立创造的，而是与其他不同物种有着千丝万缕的联系，因而是从不同物种那里遗传繁衍而来。[1]这就是说，进化论是基于对大量经验"事实"的思考而推导出来的"结论"，与强调"独立创造"的特创论有别，它认为任何物种都和变种的情况一样，是凭借进化之力从其他不同物种那里繁衍变化而来。因此，物种不是不变的，所有物种都有一个共同的祖先。

尽管"进化"这一论点有大量经验事实作为证据，但仍未完全令人满意。人们依然要问：进化如何可能发生，即它的发生机制是什么？换句话说，物种为什么会发生变异，它又是怎样通过这种变异获得某种完善的构造和适应性的？为了回答这些问题，达尔文首先分析了家养状况下的物种变异，然后将其变异原理推广到自然状况。在家养状况下，人工选择对物种变异起到了决定性的作用。一个典型的例子是从狼到狗的变异。人们把狼驯得温顺而忠诚，用于狩猎和看家或者充当玩伴或宠物，于是就进化出狗这种物种。可见，因人工选择而产生的变异往往与人的利益和喜好密切相关。

达尔文认为，适用于家养状况的选择原理同样适用于自然界，因为在他看来，一个在人类那里发挥着巨大作用的原理却不能有效地作用于自然界，这将是令人费解的。[1], p.94 为了把应用于自然界的选择原理与人工选择原理相区别，达尔文称前者为"自然选择"（或"最适者生存"）。那么何谓"自然选择"呢？在达尔文看来，从变种到物种，进而形成一个种群的过程是从生活斗争中来的。由于这种斗争，一个物种的某些个体获得了有利于它们生存的变异，变异使这些个体得以在残酷的竞争中保存自己，并且通过繁衍生息，此种有助于个体保存的变异还被遗传给后代，而其后代也因此获得比其他同类更好的生存机会。达尔文把这种每一个有用的微小变异都被保存下来的原理称为"自然选择"。不过，达尔文也指出，"自然选择"这一术语是不确切的，容易引起误解。他经常用拟人化的手法把"自然选择"说成某种"动力或神力"，并且他自己也强调这是不可避免的。然而，恰恰是这一做法招致人们的批评，被认为是为神学目的论开了后门。达尔文辩解道：要在非拟人化的意义上使用"自然"一词并非容易之事，不过在此需要注意的是，我们所理解的"自然"有其特定的含义；具体而言，这里的"自然"是相对于"许多自然法则的综合作用及其产物"来说的，而其中的"法则"又是指"我们所确定的各种事物的因果关系。"[1], p.96

众所周知，因果关系在休谟那里是一种偶然的经验概括，并不具有普遍必然性。为了拯救因果关系的必然性，康德把因果性纳入先验范畴的领域。作为先验范畴的因果关系，说到底就是人为自然立法。既然自然选择不过是因果关系法则的"综合作用及其产物"，那么自然选择同人工选择一样都是"人为选择"，只是前者是间接的人为选择，而后者是直接的人为选择。正因为此，达尔文说"避免'自然'一词的拟人化是困难的"也就不足为怪了。不过令人遗憾的是，达尔文在大多数情况下却忽略掉了自然选择和人工选择的这一共同点，而是反复强调二者的区别。

达尔文说道："人类只为自己的利益而进行选择：'自然'则只为被她保护的生物本身的利益而进行选择。……这样，'自然'的产物比人类的产物必然具有'真实'得多的性状，更能无限地适应极其复杂的生活条件，并且明显地表现出更为高级的技巧，对此还有什么值得我们惊奇的呢？"[1], p.98这就是说，人工选择只为自己的利益考虑，并且其作用对象是外在的和可见的；而自然选择则"只为被她保护的生物本身的利益"，并且其作用是无微不至的。因此，在达尔文看来，自然选择比人工选择更为普遍和真实。既然如此，将自然选择作为进化的重要原因便是顺理成章的。

达尔文的进化论与宗教版的特创论是不共戴天的，然而令人奇怪的是，达尔文并不否认上帝的存在。在达尔文看来，进化论与上帝存在的观念是可以并存的。他的辩解是：地心引力法则提出之后，人们一度也曾认为它宣告了自然宗教和启示宗教的破产。然而事实充分证明，二者之间并非人们认为的那样彼此冲突、不可调和，恰恰相反，它们是可以相安无事、彼此共存的。[1], p.550正因如此，达尔文认为，作为一种科学理论，他的进化论同样不应成为"震动任何人的宗教情感"的学说。

以上着重介绍了达尔文的"进化论"及其动力机制"自然选择"原理。在经验科学领域，达尔文的进化论宣告了生物学与神学目的论的决裂，自然选择原理为有机体的进化过程提供了一种经验论的解释，从而使援引超自然的目的论力量即神学目的论成为不必要的。当然，由于时代局限，达尔文也显示出一定的不彻底性。前面提到，他经常把"自然选择"归因于某种"动力或神力"，并且不否认上帝的存在，这使其理论带有自然神学的痕迹。

二、迈尔的远因解释与生物学目的论

在达尔文之前，机械论一直在生物学研究中占据主导地位。机械论认为，生命体就是一部机械装置，所以，任何生命现象都可以通过实验方法还原为它的物理—化学结构。受机械论思维模式的影响，实验生理学、分子生物学获得显著发展。然而，随着达尔文进化论的提出，生物学家们发现，机械论的思维模式太过单一，远远不能解释在层次上无限复杂的生命现象。实验生理学主要是研究生物体的解剖结构和生理功能，但在此之外，所谓"博物学"（natural history）研究的是生物界的多样性及其有机体与环境的适应关系。迈尔称前一种研究为"功能生物学"（functional biology），后一种为"进化生物学"（evolutionary biology）。迈尔和达尔文主要耕耘于后者之中。这两种生物学在研究方法上也有所不同，迈尔指出："有一些科学，如物理科学和大部分功能生物学，其中定量和其他数学处理具有重要的解释作用或启发作用。也有像系统学和大部分进化生物学这类的科学，其中数学的贡献就极其微小。"[2]

功能生物学与进化生物学的区别可以概括为：前者是关于"近因"

（proximate causes）的研究，主要回答“怎么样”的问题，其研究方法是“实验”，属于“定量科学”；后者是关于“远因”[1]的研究，主要回答“为什么”的问题，其研究方法是“基于比较方法的推论”，属于“定性科学”。虽然二者是不同的，但它们在生物学研究中都是不可或缺的。迈尔认为，“近期原因”和“终极原因”（“远因”）包含在几乎所有的生物学过程之中，可以说，唯有这两个原因都得到合理阐释，对一个生物学问题的解答才算得上圆满。[2], p.49

　　以“候鸟”和“留鸟”为例。候鸟为什么会在特定的时间南飞？对这种现象的近因解释是，候鸟属于对光周期敏感的动物，当白昼的长短达到某个特定的范围，再加上风、温度、气压等气候环境条件的配合，候鸟会在生理上做出相应的调整，并选择飞往南方某个温暖的地方过冬。然而，某些鸟类如猫头鹰却并不南飞，它们属于留鸟而非候鸟。留鸟与候鸟之间的差异仅仅有近因解释是不够的，还需要有远因解释：差异是经过亿万年的进化过程造成的，是自然选择或设计的结果。经过自然选择，某些以捕食昆虫为生的鸟类成为候鸟，因为不那样的话，当冬天来临，万物被白雪覆盖，它们就会因找不到食物而饿死。而那些并不以捕食昆虫为生而是以其他方法获得食物的鸟类，在冬天进行迁徙是没有必要的，因此自然选择让它们成为留鸟。

　　达尔文和迈尔的进化生物学主要关心“为什么”的问题。“为什么”可以有两种理解：一是表示“怎么来的”；二是表示终极目的论的“为了什么目的”。自然神学家采取后一种理解，因为这符合他们关于上帝存在的信念。达尔文则徘徊在这两种理解之间，一方面他强调物种的适应性状是通过自然选择而来的，这与上帝特创论是对立的，但是另一方面他又并不否认上帝的存在。这种矛盾心态暴露出达尔文的进化论在反神学目的论上的不彻底性。

　　与达尔文的游移立场不同，迈尔明确选择前一种理解，即他所谓的“为什么”是指“怎么来的”，也就是追问物种的历史原因。迈尔的这种理解显然与目的论解释密切相关，不过，这里的目的论不是神学意义上的目的论，

1　“远因”也被迈尔称为“进化原因”（evolutionary causes）或“终极原因”（ultimate causes）。

而是生物学目的论或经验目的论。应该说，这一点与达尔文是一脉相承的，只不过由于时代局限，达尔文显得不够彻底而已。正如陈蓉霞提到的，因为达尔文进化论的提出，有机体在结构和功能上的历史原因才真正成为生物科学家追问、研究的重要课题；"也正因为自然选择理论的成功，目的论在科学的前门从此被永远清扫了出去，这是比伽利略更为彻底的革命，它具有双重含义：一方面，神学意义上的目的论已寿终正寝；另一方面，对历史原因的追寻成为目的论解释的一个新的含义。"[3]

不过，由于机械论对活力论的批判，目的论曾经背上极不光彩的坏名声，并且被严肃的科学理论所不容。但事实上，活力论只是目的论的一种表现形式，机械论对活力论的批判虽然有一定的道理，但难免以偏概全，忽视了目的论当中的合理成分。[4]尽管随着生命科学和计算机科学的发展，这些合理成分越来越受到生物学研究的重视，但生物学家对"目的论"概念的使用始终莫衷一是，众说纷纭。鉴于这种混乱局面，迈尔对"目的论"概念给予了系统阐释，这些阐释极大丰富了我们对目的论内涵的理解。

迈尔最初认为，"目的性"（teleological）这个术语曾被用于如下四种不同的含义：一是"程序目的性活动"（teleonomic activities），二是"规律目的性过程"（teleomatic processes），三是"业已适应的系统"（adapted systems），最后是"宇宙目的论"（cosmic teleology）。[2], pp.32-35 不过，迈尔后来又在上述四种含义的基础上增加了一种，即"有目的的行为"（purposive behavior）。[5]

在这五种含义中，"宇宙目的论"是被迈尔坚决摒弃的。"从前归因于宇宙目的论的所有现象，现在可以要么通过自然规律来解释，要么通过自然选择来解释。宇宙目的论是不存在的，这一点如今已非常清楚。"[5], p.38 "业已适应的系统"也称"业已适应的特征"（adapted features）。在哲学文献中，归于有机体适应性状的适应特征通常被称为"目的性"，但迈尔认为，这种指定是一种误解，因为这些适应特征是一些固定不变的系统，而"目的性"一词并不适用于不包含运动的现象。总之，业已适应的性状是过去选择过程的结果，而不是任何定向进化力量的产物。因此迈尔认为，与其在这里使用目的

性语言，还不如使用自然选择学者的语言，因为在这种语境下后者比前者更为贴切。[2], p.34

关于"程序目的性活动""规律目的性过程"以及"有目的的行为"，迈尔也分别给予了详细的解释。"规律目的性过程"是与无生命物体有关的过程，它严格遵循重力定律、热力学第二定律等自然规律，这样的过程属于"终点定向过程"（end directed processes）。"程序目的性活动"是由于某种程序的运作而产生的，它受到遗传学程序的控制，这样的过程属于"目标定向过程"（goal directed processes）。至于"有目的的行为"，迈尔早期并没有把它纳入目的论含义的分类中，因为他担心这会使其陷入拟人论（anthropomorphism）。在早期的迈尔看来，动物的目的定向的行为应该与人类同样的行为区别开来，前者可以通过在操作上可定义的术语加以讨论和分析，而不必诉诸"有意图的"或"有意识的"这类拟人化的术语。[6]但迈尔后来又抛弃了这种想法，认为在有目的的计划行动中，人和其他会思考的动物在原则上没有什么不同，例如雌狮狮群的狩猎策略就和人类活动一样，是有目的、有计划的行为。[5], p.37

通过对目的论概念的澄清，迈尔使达尔文开创的进化生物学开始正视目的论问题。不过，从以上分析来看，迈尔的远因解释或目的论解释主要是追溯进化的历史原因，而历史原因不过是经验性的。可见，迈尔的生物学目的论主要是指经验目的论，这样，它与进化论便处在了同一个理论层次，因而并不能作为后者的哲学基础。同达尔文一样，迈尔也将自己的进化生物学定位于经验科学。作为生物科学家，这是无可厚非的，但也恰恰是这一点使迈尔排斥进化的先验哲学基础问题，因而限制了其理论的深度。

不过，迈尔在主观上试图深入讨论生物进化论的哲学基础问题。他谈道："一切生物学家都是彻底的'唯物论者'，也就是说他们不承认超自然的或非物质的力量，而只承认物理—化学力量。"[2], p.36我们看到，迈尔先是宣称自己是唯物主义者，也就是现在通常所谓的"物理主义者"，物理主义的核心观点是把一切性质（包括心灵）归结为物理性质。但是迈尔紧接着又说："生命现象具有比用物理学和化学所研究的相当简单的现象更广阔的范围。这就是为什么绝不可能把生物学包括在物理学之内。"[2], p.36 那么，生物学中超出物理学的部分是什么？既然有超出物理学的部分，为什么迈尔又把自己叫作"唯物主义者"或"物理主义者"？至少从现代物理主义的角度看，迈尔是自相矛盾的。

迈尔的回答似乎是，生物学超出物理学的部分是生物的系统性。那么系统的功能又是什么？其实，功能从终极上讲还是相对人的目的而言的。如一块石头有何功能？如果一个人想坐在上面，它就有了石椅的功能；另一个人想用它打猎，它就有了武器的功能；等等。这也符合系统论的创始人贝塔朗菲的如下观点：人生活在自己创造的"符号宇宙"（symbolic universe）中，符号宇宙造成的一个意义深远的影响是"使真正的目的性（purposiveness）成为可能"，而"目的性是唯独人的行为才有的"。[7]总之，把生物的演化归结为功能系统，表面上似乎可以摆脱康德以人为本的目的论思想，但其实经不起追问，因为"功能"和"进化"一样，都是相对于目的而言的，而目的最终不可避免地归结为人的目的。

三、进化生物学与康德的先验目的论

前面我们已经提及康德目的论，并粗略地指出，进化生物学是以之为哲学基础的。究竟什么是康德目的论，它又凭什么担当此任？我们将对此加以说明。

康德的一句名言是"人为自然立法"，而且是先验地立法。康德先是在其《纯粹理性批判》中引入先验的因果范畴或因果律，后来又在其《判断力批判》中引入先验的合目的性原则。康德谈道："关于自然按照目的而结合和形成的概念，在按照自然的单纯机械作用的因果律不够用的地方，倒是至少多了一条原则来把自然现象纳入到规则之中。因为我们在印证一个目的论的根据时，我们就好像这根据存在于自然中（而不是存在于我们心中）那样，把客体方面的原因性赋予一个客体概念，或不如说，我们是按照与这样一种原因性（这类原因性我们是在自己心中发现的）作类比来想象这对象的可能性的，因而是把自然思考为通过自己的能力而具有技巧的。"[8]

康德在这里提出一种新的"自然"概念即目的性自然，以区别于他在《纯粹理性批判》中所说的因果性自然。相应地，康德提出一种不同于因果律的新原理，即"合目的性"，用以"把自然现象纳入到规则之中"。康德指出，合目的性是相对于人而言的，是对人的某种"类比"，因此，"进化"从根本上讲是相对于人的先验目的而言的。

康德解释道："当我们例如说引证一只鸟的构造，它的骨头中的空腔，它的双翼在运动时的状况和它的尾巴在掌握方向时的状况，如此等等，这时我们就说，这一切单是按照自然中的起作用的联系而不借某种特殊种类的原因性，即目的原因性（ *nexus finalis* ）之助，将会是在最高程度上的偶然性的；这就是说，作为单纯的机械作用来看的自然，本来是能够以上千倍的另外的方式来构成自己的，而不会恰好碰上按照这样一条原则的这个统一体，所以我们只可以在自然的概念之外、而不是在它之中，才有希望找到在这方面最起码的先天根据。"[8], p.208

在此，我们可以说，康德超前地把达尔文、迈尔等人的进化生物学奠基于他的先验目的论之上。鸟的翅膀形状利于飞行，鸟的骨头里的空腔方便减少飞行时的阻力，尾巴的位置有助于转向，等等。为什么会形成如此精密的构造呢？按照达尔文和迈尔的理解，这是遗传程序规定好的，是以自然选择为动力的进化的产物。而在康德看来，这些进化上的目的，即经验目的，表面上好像是鸟自身所固有的，而事实上却是人的先验目的从外部加给它的，任何自然事物本身并不真正具有目的，至少对于我们人类来说其目的是不可知的。总之，如果没有人的先验目的的存在，自然产物的"真实"性状以及它所体现出的"高级的技巧"将是高度偶然的，甚至是毫无意义的。

也许人们会问：生物学表明，早在人类出现之前，飞鸟已经存在了。把鸟适合于飞行的身体结构归结为适合人的目的而不是鸟自身的目的，这种说法显然是不合理的。对此，笔者试图为康德进行回答和辩护：进化论所表明的飞鸟先于人类的"事实"本身就是人创造的，人之所以创造这样的事实，最终也是为人的目的服务的。为进一步说明这一点，我们不得不对认识论或科学方法论的核心问题稍作讨论。

从哲学上讲，科学方法的合理性也不是客观的，而是以人为本的。科学方法的核心是因果推理，休谟以其著名的"归纳问题"把因果推理的逻辑合理性基础摧毁了，康德为其寻找新的合理性，那就是基于人的先验范畴的合理性。在康德看来，因果性或因果律不是客观事物固有的，而是人以其先验的因果范畴来整理感觉资料而形成的；这就是康德的著名论题"人为自然立法"，也是他宣称的哲学上的"哥白尼革命"。许多人并不情愿接受康德这一主观性较强的论断，但是又无力摆脱休谟问题的困扰，无奈之下，康德先验论观点在学界特别是在哲学界得到越来越多的承认和重视。有人试图用科学研究的成果来反驳康德，但这种反驳在逻辑上是不成立的，因为科学方法的客观合理性正在遭受休谟问题的质疑，而康德正是要拯救科学方法的合理性。

迈尔作为一个科学家，也谈到科学方法和归纳法，但其深度是非常有限的。迈尔谈道："关于归纳法和演绎法孰优孰劣的争论已持续了好几个世纪。现在已弄清楚这是一桩相对说来风马牛不相及的争论。归纳论（inductivism）声称一个科学家用不着事先有任何假说或事前的期望，只要通过记录、测量和描述他所遇见的事物就能做出客观、不具偏见的结论。……归纳论是被人们越来越有意识地用所谓假说—演绎法取代的。这个方法的第一步是'推测'（达尔文语），也就是说建立一个假说。第二步是进行实验或积累观察以便检验假说。"[2], pp.19-20

首先，归纳和演绎孰优孰劣的问题并不重要，与休谟和康德所讨论的因果推理或归纳推理的合理性问题相去甚远。其次，说假说—演绎法取代了归纳法也是不妥的。像卡尔纳普等逻辑实证主义者所谈的归纳问题就是针对假说—演绎法的，因为假说—演绎法的证实或确证的过程就是归纳，即由特殊事例确证普遍命题。波普尔也是在这个意义上主张反归纳主义。由此可见，从哲学上讲，迈尔与休谟和康德以及逻辑实证主义或证伪主义相比，还不在一个层次上。我们的文章有意把讨论引向更深，而不是停留在迈尔所能达到的哲学水平上。

由于自然界形形色色的合目的性归根结底都是人赋予的，因此人的目的处在这个巨大的目的论系统的顶端。康德认为，在这个地球上能够给自身形成一个"目的"概念，并且能够凭借其理性在其他众多合目的的事物中形成一个"目的系统"，唯一符合上述条件的存在者只有"人"，所以只有"人"才是地球上一切创造的"最后目的"。[8], p.284 我们看到，这是一种典型的"人类中心主义"。康德的人类中心主义尤为鲜明地体现于其美学理论中。康德为"美"给出的定义之一即"美是一个对象的合目的性形式"。[8], p.72 这里的"目的"就是指人的"先验目的"。其实，达尔文也谈及美学的问题，并且已经非常接近康德的先验目的论。达尔文谈道："关于生物是为了使人喜欢才被创造得美观的这种信念——这个信念曾被宣告可以颠覆我的全部学说——我可以首先指出，美的感觉显然是决定于心理的性质，而与被鉴赏物的任何真实性质无关，并且审美的观念不是天生的或不能改变的。"[1], p.219 美的感觉取决于人的"心理的性质"而非"被鉴赏物的性质"，这种理解与康德基于先验目的论的美学观是契合的，其所谓"心理的性质"大致相当于康德所说的主观合目的性。

迈尔把进化生物学定位为关于"远因"的研究，远因解释就是回答"怎么来的"的问题，此问题正与目的论尤其是他所谓的"程序目的性"密切相关。程序目的性思想最早出现于亚里士多德的"四因说"中，这一点迈尔也是承认的。迈尔指出，他的程序目的性原则，进而现代生物学家的遗传程序的思想，都与亚里士多德的形式因（eidos）在内涵上具有完全等价的意义。[2], p.59 众所周知，在亚里士多德的"四因说"中，"动力因"和"目的因"最终都可以归结为"形式因"，因为形式因与目的因"同一"，动力因与前两者在根源上"同种"。[9] 既然如此，亚氏的"四因"实际上就变成"二因"，即"质料因"和"形式因"。不过，亚氏有时特别强调形式因与目的因的内在联系，他指出，形式和质料是自然的两种含义，其中前者是万事万物趋向的"终结"，这个"终结"就是"目的因"。[9], p.64 可见，迈尔的"程序目的性"思想是深受亚氏目的论启发的。

不过，在亚氏的目的论中存在如下亟待解决的棘手问题：自然事物为何不是为了自己的目的，而是出于某种外在于它的必然力量？比如说，天下雨为何不能仅仅由于这样将有助于谷物的生长，而是因为有某种更高的必然性力量在支配它呢？[9], p.62 尽管亚里士多德十分重视这个问题，但始终没能给出令人满意的回答。在笔者看来，真正对此问题给出彻底解答的是康德。康德的做法是，将"合目的性"的先验原则作为对自然现象的最终解释；换句话说，形形色色的自然事物的目的最终都可以归结为人的先验目的。

然而，令人遗憾的是，迈尔完全没有看到康德的先验目的论对亚里士多德目的论的推进作用，以致他在亚氏目的论的基础上裹足不前。对于康德目的论，迈尔曾不无轻蔑地谈道："在无生命的宇宙范围内，康德是一位严格的机械论者，却为那些有生命的自然现象临时采用了目的论。由于受当时生物学简陋条件的限制，这种有生命的自然现象是令人费解的。然而，两百年之后的今天，如果我们还用康德的那些尝试性的评论来作为目的论之有效性的证据，这将是荒谬的。"[10]

迈尔的这一评论是有失公允的。如果说200多年前的康德受到简陋条件的限制，那么2000多年前的亚里士多德更受简陋条件的限制，然而迈尔却摈弃康德而回到亚里士多德的目的论。可以说，迈尔在康德和亚里士多德的目的论之间所持的态度是舍近求远、本末倒置的，致使他的生物进化论在哲学上流于肤浅，始终没有脱离经验主义或自然主义的窠臼。

四、结语

达尔文的进化论使"生物学"摆脱了"神学目的论"的束缚，但是由于时代的局限，达尔文本人并没有彻底清算神学目的论。迈尔虽然彻底清算了神学目的论，却把生物进化论奠基于经验目的论，并以此来拒斥康德的先验目的论。然而，对于"进化"的哲学基础问题，迈尔所持的物理主义（唯物主义或自然主义）立场是缺乏坚实基础的，甚至包含着逻辑矛盾。此外，在科学方法论和因果推理方面，迈尔的眼光远远没有触及休谟和康德的高度，致使他对康德的先验因果范畴和先验目的论产生许多误解。

　　本文一方面指出迈尔对康德先验目的论的误解，另一方面试图打破达尔文、迈尔的生物进化论与康德先验目的论之间的隔阂。我们论证的要点是：摈弃康德以人为本的先验目的论将不可避免地导致泛目的论或无目的论。所谓泛目的论，就是说万事万物都是按照它们自身的内在目的而发展的，并不需要以人类的目的为根据。问题是，既然万事万物的目的是内在的，人们如何知道它有目的或它的目的是什么？从迈尔的经验主义立场出发，结论只能是人们通过科学研究来发现它。但这样一来又回到了休谟问题的原点：因果推理和经验科学的合理性是什么，我们为什么应该相信因果推理或经验科学？这是一种论证上的恶性循环。所谓无目的论，就是说万事万物的外在表现就是我们所需要知道的一切，并不需要假定它们有各自内在的目的。如果是这样，那么，迈尔所要继承和发展的达尔文的基于自然选择的生物进化论也就不得不被放弃；这是由于"选择"和"进化"都与"目的"密切相关，具体而言，前者是相对于后者而言的。也就是说，如果不存在"目的"，我们压根儿谈不上"选择"和"进化"，而只有"随机"的"变化"。其结果是，以达尔文主义者自居的迈尔由于摈弃目的论而不得不放弃自然选择理论和生物进化论，尽管他自己没有意识到这一点。

　　其实，迈尔有时也表现出对康德的先验目的论的某种重视，他曾谈道："然而宇宙的表面目的性，个体发育中的有目的的进程，以及生物器官的适应性能等外观上的目的性是如此明显以至于机械论者也不能忽视。一种具有上述全部性能的机械装置怎么可能纯粹是自然规律的结果而不涉及最终原因？谁也没有康德那样敏锐地察觉到这种两难伪困境。"[2], p.33 他自己则是把"目的性"分析为四个不同的概念或过程，从而解决了这一问题。

我们看到，一方面，迈尔称赞康德"敏锐地察觉到"关于生物学目的论之争的重要性；另一方面，迈尔又说那种局面其实只是一种"两难伪困境"，他通过澄清"目的性"概念而予以解决。本文指出，迈尔对目的论之争的经验论的解决方案并不成功，我们有必要回到康德的先验目的论。不过，在一点上，迈尔、达尔文与康德是一致的，即主张生物物种的变化是一种基于自然选择的进化，而不仅仅是随机的变化；他们的分歧在于，自然选择和进化所根据的最终目的是经验的还是先验的。

参考文献

[1] 达尔文. 物种起源 [M]. 周建人等译, 北京: 商务印书馆, 2009, 16-17.

[2] 迈尔. 生物学思想发展的历史 [M]. 涂长晟等译, 成都: 四川教育出版社, 2010, 28.

[3] 陈蓉霞. 进化的阶梯 [M]. 北京: 中国社会科学出版社, 1996, 124-125.

[4] 桂起权、傅静、任晓明. 生物学的哲学 [M]. 成都: 四川教育出版社, 2003, 144.

[5] Mayr, E. 'The Multiple Meaning of 'Teleological'' [J]. *History and Philosophy of the Life Sciences*, 1998, 20 (1): 35-40.

[6] Mayr, E. 'Teleological and Teleonomic, A New Analysis' [A]. Cohen, R. S. and Wartofsky M. W. (Eds.) *Methodological and Historical Essays in the Natural and Social Sciences* [C]. Boston: D. Reidel Publishing Company, 1974, 91-117.

[7] L.贝塔朗菲、A.拉威奥莱特. 人的系统观 [M]. 张志伟等译, 北京: 华夏出版社, 1989, 9.

[8] 康德. 判断力批判 [M]. 邓晓芒译, 北京: 人民出版社, 2002, 210.

[9] 亚里士多德. 物理学 [M]. 张竹明译, 北京: 商务印书馆, 1982, 60.

[10] Mayr, E. 'The Idea of Teleology' [J]. *Journal of the History of Ideas*, 1992, 53 (1): 117-135.

专题4：生物学中的定律与解释

生物学中的非还原解释：语境论证

方　卫

一、前言

在生物学中还原论观点有着广泛的市场，其中的"解释还原论"[1]版本更是拥趸众多。[1]尽管文献中不同版本的解释还原论[2]都可以找到，但它们的基本思想却是一致的：[2]解释还原论认为，一个相对高层面的（a higher-level）现象（或事实、状态、过程或事件）总可以被一个相对低层面的（a lower-level）现象所解释，而且真正有解释力的陈述总是基于相对低层面的现象[3]。[3]-[8]

虽然解释还原论的基本思想看起来十分清晰简单，其与传统理论还原论

1　据萨卡的分类，解释还原论是认识论还原论的一种，区别于本体论还原论和理论还原论。

2　凯瑟（M. Kaiser）进一步区分了解释还原论的两个亚种：（1）对同一现象的两个解释之间的关系，一个是高层面的解释，一个是低层面的解释；（2）单一的解释，即给定一个高层面的现象（或事实、状态、过程或事件），总可以找到一个相对低层面的现象来对之进行解释。由于大部分学者在文献中谈论解释还原时都是指第二种类型，故本文将主要探讨第二种解释还原论。

3　层面的高低都是相对的，如细胞层面相对分子来说是高层面，但相对组织来说又是低层面。

的微妙差别却值得我们注意。其一，与传统的理论还原论不同，解释还原论关注的不是作为整体的某个科学理论（如分子生物学），而是一个个具体的描述、经验概括、定律、机制甚至是单个的观察报告。因而，解释还原论不再要求一个理论被另一个理论——通过某些桥接定律或对应规则——演绎推导出。同时，解释还原论也不再要求一个理论的谓词可以系统地与另一个理论的谓词连接在一起，或前者被后者所定义。这是因为，据解释还原论的支持者所说，我们基本上很难在生物学的众多分支中找到某种统一的理论，如发育生物学、分子遗传学、群体遗传学、微生物学等，它们并非某种统一的理论，而只是某些理论的片段。[1]

其二，由于上面提到的原因，生物学中的还原往往是以一种"零敲碎打"的方式进行的，而非像传统的理论还原所要求的那样成体系。这种"零敲碎打"的方式的好处就是，我们可以说解释还原是一项正在进行中的未竟事业，而且我们也没有任何先验的理由来拒斥其最终完成的可能性。

其三，与理论还原论的雄心壮志不同——它的支持者试图将生物学还原到物理学——解释还原往往是在生物学的内部发生的，如将孟德尔经典遗传学中的某些现象还原为分子生物学中的某些现象。

其四，解释还原论者往往持有一种"多层组织"（multiple-level organization）的世界观图景。在该图景中，生命世界是一个多层次的系统，里面有分子、细胞、细胞器、组织、有机体等层次，低层级系统构成了其上一级层级，而每一层又由其下一层级的成分所构成。

尽管解释还原论在很多方面要优于其前任——理论还原论，且似乎很吻合生物学实践的某些特征——用低层级现象解释高层级现象，但本文认为它的合理性和适用范围被夸大了。本文将指出，由于生物现象对其所寄寓的环境的依赖，简单地提供某些微观层面的信息并不能很好地解释某些高层次的现象。另一方面，由于高层次现象相对独立于低层次现象——改变低层次环境并不一定带来高层次现象的改变——试图将高层次现象还原到低层次的尝试也将劳而无功。尽管有学者辩驳称语境信息原则上也是可以给出还原解释的，但本文将论证，还原语境的努力将会遭遇到原则上和实践上的双重困境。

二、重提语境论证

在分子生物学中，这几乎是一个稀松平常的事实：某个分子（或分子过程、途径、机制）可以产生的效果，必须依赖于其所在的环境。由于所在的环境（细胞、细胞器、组织、有机体甚至是体外环境）不同，同一个分子可以产生许多不同的——有时甚至是极其不同的——效果（如基因多效性），而不同的分子也可以产生一些几乎相同的效果（如等效异位基因）。

如果以上所述可以概括为语境依赖原则，则语境论证的另一面可以概括为语境独立原则，其大意为：高层次现象的发生是相对独立于其低层次环境的。比如变换分子层面一些细节，细胞层次的现象并不一定跟着变化。因而，我们说分子层面可以看作是相对固定的环境（fixed context）。下文将分别讨论这两种语境原则。

三、语境依赖原则

语境依赖现象之所以对解释还原论构成了挑战，是因为提供某个现象的微观层面信息并不能充分地解释该现象——尽管微观层面的信息可能极其重要或者是必不可少的。要更充分地解释该现象，该现象赖以发生的环境因素也必须考虑进来。对于该思想，劳比克乐（M. Laubichler）和瓦格纳（G. Wagner）表达得很清楚："再次，问题不在于基因和分子对发育来说是否重要，而在于，如果不考虑它们赖以表达的具体的功能环境，我们是否还能在发育过程中赋予它们明确的功能。"[9]

尽管他们讨论的对象主要是发育生物学，但其结论却有一般性的意义。对于这个基本结论，大家也没有什么争议。上文说到解释还原论的内核：一个相对高层次的现象总可以被一个相对低层次的现象所解释。既然大家并不否认生物现象的语境依赖，争论的焦点也就转移到了语境本身——生物现象赖以发生的环境本身是否也是可以还原的？

对此，解释还原论的支持者们会说"是"。德里韩梯（M. Delehanty）最近就论证道，给定一个含义明确的机制概念，环境因素也可以被恰当地还原。[10]她的论证由机制概念开始——该概念来源于麦卡莫（P. Machamer）、达登（L. Darden）和克莱瓦（C. Craver）卓越的工作。[11]德里韩梯说，对机制的探讨可以使我们理解生物学中关于还原论的争论。这是因为，机制往往给予我们关于某现象的因果解释，而机制的方向性特征——机制总是从下往上产生的，因为机制来源于其构成要件以及它们之间的活动——则与解释还原中的方向性紧密相关。鉴于一个机制的边界总是随着考察的问题不同而变化，某个曾经被视作环境因素的部分在新的问题下也可以被容纳进新的机制。也就是说，现在我们有了一个"扩大了的"新机制，以前的环境因素被容纳进来，从而被看作新机制的一个部分。这种"扩张策略"可以反复使用，不断包容新的环境因素，直至最后，复杂的因果网络结构可以被构造出来。如此，至少在局部不会再有"晦暗不明的"环境因素了（因为不可能构造出一张无所不包的因果网络结构），因而完满的还原解释也就唾手可得了。

不得不说，德里韩梯以问题为导向的"扩张策略"还是有一定启发意义的，因为在科学实践上研究对象的边界确实会存在不断修正和拓展的情况。然而，这个策略是否能真正抹除掉解释还原论所面临的障碍，则是十分可疑的，因为语境就像是永远也无法移走的布景，它一直在那儿。即使某个语境因素 X_1 因为某种原因被包含进某个机制 M_1，M_1 又会有新的边界从而有新的语境因素 X_2，而即使 X_2 被包含进了新的机制 M_2，M_2 仍会有自己语境因素 X_3，如此等等——只要 M 不是一个无所不包的机制，它总会有自己的语境因素。而且，就算我们可以构造出一个巨大的局部机制网络，网络本身仍会有自己的边界，也就是说，仍会有自己的语境因素。解释还原论者会回应：第一，给定任何一个具体的机制案例，它的边界都是相对确定的；第二，解释还原并非要把所有东西都还原到（比如）分子层面，相反，它只把需要还原的部分给还原，比如，在因果上与该机制的产生相关的环境因素。如此，尽管我们会因为还原了部分因果相关的环境因素而界定新的边界，即引入新的环境因素，但在新引入的环境之内，所有相关的因素都已经被从分子层面还原并刻画了。因此，"扩张策略"并不会带来无限倒退的问题，因为我们只是还原需要还原的部分。

然而，这个回应会面临实践上和原则上的双重挑战。首先来看来自实践的挑战：在实践上，即使我们知道某些环境因素在因果上与所产生的机制有关，科学家也不总是将它们还原到（例如）分子层面。我们来看发育遗传学的例子。在发育遗传学中，科学家们一般都把细胞和有机体方面的因素看作不变的背景环境，而不会评估这些因素的因果作用。也就是说，给定某个要回答的问题，科学家往往把细胞和有机体方面的因素看作没有任何因果效力的背景环境，尽管他们十分清楚，对于某些机制的产生而言这些因素可能是有因果效力的。而且，发育遗传学这门学科的成功并不能说明解释还原的成功，因为"基因原因的发现总是依赖于一个被固定了的有机体环境"。[12]

如果认为这种"假设环境因素没有因果效力"的研究方法支持了解释还原论，那将是十分不公平的。因为我们从一开始就假定了环境因素没有因果效力因而不需要还原，同时也假定了只有分子层面的因素才有因果效力，所以，"所有"需要还原的都已经还原。当然，这种"不对称的"研究策略也有其深层理由，因为任何科学研究课题都不可能将所有因素都纳入考虑范围之内，它只能假定某些因素是固定不变且因果无关的，而另外一些因素是变化并因果相关的。只有这样，在有限的时间内（和有限的经费支持下）某项研究才可能开展。不过，这种研究策略也遇到了挑战（或者说补充），因为我们完全可以把研究方向颠倒过来——固定分子层面的因素并假定它们因果不相关，同时变换细胞（或细胞器、组织、有机体等）层面的因素并考察它们的因果效力。我们将在下文看到，这种思路不仅是猜想，也是被广泛采纳的一种研究策略。

现在来看解释还原论面临的原则上的挑战，这里以致癌作用
（carcinogenesis）为例。在对致癌作用的解释中，体细胞突变理论在过去半个
世纪以来占据着主导地位。[13][14]据该理论，

> 癌症是由体细胞DNA改变所引起的基于细胞层面的疾病，它会导致
> 细胞增生。相应地，大多数致癌物质之所以被认为是致癌的，是因为它
> 们会诱发癌变。居于致癌作用核心的是"癌细胞"。这些癌细胞被认为
> 是数次连续的突变所导致的结果（包括致癌基因、肿瘤抑制基因、DNA
> 修复基因等的突变），而这些突变又被认为会促使癌细胞增生，并导致
> 它们有相对高的适应性——在群体遗传学的意义上。正常细胞的默认状
> 态是沉寂的，并且需要外界信号才能增生。癌细胞则不需要。因而，癌
> 症被认为是某种（成问题的）自我维持的细胞增生。[15]

正如上文所示，对致癌作用的分析是在细胞层面进行的，而大家也相
信，致癌作用被还原解释为与细胞相关的机制。然而，最近的科学研究却
表明，"癌症本质上是一种发育疾病，发生在组织层面"，而"致癌作用被
认为是组织的形态发生场的紊乱。"[15]特别地，根据组织结构场理论（tissue
organization field theory），

> 健康的组织会对细胞增生施加限制（通过机械力、化学抑制等作
> 用）。然而，对组织结构的破坏却可以减缓这些限制，从而导致细胞
> 以各种各样的方式和动力增生，并进一步引起组织结构的紊乱。致癌作
> 用之所以会发生，是因为组织构架的改变，或对正常发育的干扰。[15]

换言之，要解释"癌细胞现象"，我们必须往上追溯到组织层面，而
细胞正是寄寓在组织里。为了进一步表明这一点，我们来看上皮细胞癌
（epithelial cancer）。这种癌症涉及"组织的两个主要部分之间的相互作用，即

上皮细胞——它会非常典型地非正常增生——和环绕着这些上皮细胞的基质（stroma）"。更重要的是，"作为'癌细胞'并非细胞的真正属性，因为'癌细胞'并不拥有某种新的能力，而且，将它们放置在合适的组织环境中它们又会回归正常"。[15] 因而，应当认为细胞是依赖于其组织环境的，因为组织环境会限定怎样的行为才是合适的。当组织环境正常时，一般会被认为是不变的或固定的，即被看作背景环境。当组织环境不正常时，我们才开始将目光转移到它身上。不过，将目光转移到组织环境上并不必然会引起还原解释，因为正如上例所示，对致癌作用的合理解释恰恰需要我们聚焦于组织层面而非还原它。

从这个例子中我们得出的教训是，当解释一个现象时，我们并不总能将该现象还原为更低层级的现象，例如将组织还原为细胞。这并不是一种研究策略的选择——比如选择做或不做还原解释——而是关涉到我们究竟能不能很好地解释目标对象。这是一个"能"或"不能"的问题，而非哪一种选择可能相对更好。当我们在还原的诱惑下试图忽略组织而孤注一掷地锁定细胞时，我们可能永远也无法理解为什么致癌作用会发生。值得注意的是，这里并非要否定任何"由下往上看的"（bottom-up）还原视角，而是要强调，至少在致癌作用的研究中，"由上往下看的"（top-down）非还原视角也是不可或缺的。也正是在这一点上，我们说纯粹的还原解释在原则上无法回答致癌作用为什么会发生。

不过，可能有人立马反驳道：只要组织结构场理论不是关于癌症的最终理论，那么我们就仍有理由相信，或许未来的某种"细胞结构场理论"或者"分子结构场理论"会还原目前广为接受的组织结构场理论。不可否认，这种可能性是存在的。不过，我们也要反问：这种可能性是指什么？逻辑上的可能性、物理上的可能性还是实际上的可能性？先来看逻辑上的。如果仅仅是逻辑上的可能性，那么我们同样有理由相信，从逻辑的角度来说，未来取代组织结构场理论的可能是某种"有机体结构场理论"而非"分子结构场理论"，而且这种逻辑可能性并不违背任何逻辑定律。因而，逻辑可能性并没有提供给我们任何信息来定夺哪一种可能性更高。再看实际可能性。实际可能性必须根植于实际的科学实践，而我们目前的科学实践已经表明，组织结构场理论似乎是最有说服力和最有潜力的理论。

最后来看物理可能性。物理可能性大概是说某种东西（或理论）目前无法实现，但等未来物理条件成熟时是可能实现的。比如，虽然我们现在的汽车不能跑到1000公里/小时，但未来等物理条件允许了也许就能达到。同理可证，当我们关于分子的知识更完备了，运算速度更快了，或许就能给出某种还原的"分子结构场理论"。然而我们不难看出，在这个意义上，组织结构场理论的物理可能性一点不比设想中的"分子结构场理论"低——因为后者不过是某种尚未（或未必会）实现的设想，而前者则已经实实在在地在物理上实现了！此外，我们也可以说，随着大规模、高通量的数据采集与计算机模拟成为可能，我们或许可以建构关于整个生物体系统的"有机体结构场理论"——系统生物学现在所做的工作正在朝这个方向迈进。[1]-[9]因而，从物理可能性的角度来看，向下还原的情形和向上统合的情形都具有物理可能性，很难判断哪种情形的可能性更高。总之，无论从哪种"可能性"的角度，组织结构场理论都不比某种设想中的"分子结构场理论"逊色。

综上所述，我们看到解释还原论既面临实践上的挑战，也面临原则上的挑战。在实践上，科学家总是聚焦于某些因素而将其他因素看作没有因果效力的背景环境，通常情况下并不会试图将这些背景环境也还原或纳入到考虑范围之内。这么做既有实践上的也有原则上的理由。实践上，我们不可能将所有可能有关的背景环境都还原；原则上，这样做未必会增进我们对于目标对象的解释或理解。

四、语境独立原则

现在可以考察硬币的另一面：语境独立原则。前文讨论语境依赖原则时，我们看到科学家们通常将高层面的因素看作固定不变的环境因素，低层面的因素则是研究的焦点所在。然而在某些研究领域，也采纳了相反的研究策略。

例如在发育生物学中，生物学家们有时候也将低层面的因素看作没有因果效力的背景环境，而将焦点放在探索高层面的因素是如何影响有机体发育的。[1] 首先来看一个发育进化文献里的经典案例。[20][21] 科学家们一直想知道，为何某些种类的青蛙和蝾螈的跖骨或整个脚趾脱落时是按照一定顺序或模式进行的，即某些骨骼的成分总是先于其他成分而脱落。更具体地说，当蝾螈在进化史上逐渐丢失掉跖骨时，它们为何总是首先丢失第五和第四跖骨，而青蛙又为何总是首先丢失掉第一跖骨，然后是第五跖骨，接着是第二跖骨？科学家阿尔比齐（P. Alberch）和盖尔（E. Gale）说：

> 与具体的模式形成机制相独立，所有试图解释肢体形态发生的模型都表明，所形成的模式在某种程度上要依赖于（模式分化时）胚胎发育场的尺寸。[21]

也就是说，在骨骼形成前简单地减少原生细胞的数量即可造就这种模式：当胚胎肢芽（limb bud）的原生细胞数量处于一定的阈值时，肢体将发育成正常的结构，而当这些细胞减少到低于一定阈值时，与跖骨丢失相关的某种变化即会出现。而且，跖骨丢失的顺序和模式不会是随机的，而是高度有序的：个体发育（ontogeny）中最后形成的跖骨将会在该个体所在的种系发生（phylogeny）中最先丢失。更具体地说，青蛙最后形成的是第五和第一跖骨，因此这两个跖骨也是最有可能首先丢失的；蝾螈最后形成的是第四和第五跖骨，因而也是最可能首先丢失的。

阿尔比齐和盖尔在总结他们的研究时说道："模式形成前细胞数量的减少，导致了骨骼成分的数量改变，空间结构重新布局"。[21] 这就是说，在骨

1　注意，语境独立原则说的是高层面的现象（模式、机制等）相对独立于其低层面的基础（如分子基础），但这并不否认这个高层面要依赖于更高层面的环境因素。譬如，某个细胞层面的现象相对独立于其分子层面，而与此同时也依赖于其自身的组织环境。因而，这里的语境独立原则与上文的语境依赖原则并不冲突。

骼形成前任何可能将原生细胞减少到低于一定阈值的变化，都有可能改变骨骼成分的空间布局，从而改变青蛙和蝾螈的肢体发育模式。从这个例子中我们得到的最直接的信息是，对于模式形成的解释并没有援引任何有关基因或分子层面的知识。当然，这并不是说青蛙或蝾螈的肢体模式形成完全不是建立在基因或分子的基础之上——毋庸置疑，没有基因和分子的作用，模式形成是不可能实现的。然而，正如阿尔比齐和盖尔在他们的文章末尾所说，在如下意义上模式形成是相对独立于其基因和分子基础的：如果我们将与模型形成相关的基因从 G_i 变换到 G_j（$i \neq j$），那么模式形成并不必然发生相应的变化。

> 我们基本的前提是，形态方面的变化并不必然对应于特定的基因变化，即改变会影响到形态学系数的许多基因可能会引起完全相同的形态变化。……在这些案例中，如果细胞数量小到一定程度，产生宏观模式的发育作用将会引起某种特定的、不变的骨骼形态，尽管其基础层面的基因都已经做了改变。[21]

由于模式形成相对独立于其低层面的分子基础，这些分子基础往往可以被看作固定的背景环境。借用萨尔蒙（W. Salmon）的说法，我们可以说分子层面的解释被只涉及细胞数量变化的高层面解释所"屏蔽"（screen off）了。[22]值得注意的是，我们这里探讨的并非科学研究上的孤例，因为最近很多研究表明，大量不同的生物类群可能都保留了某些相同的反应模式或生化途径。这表明，许多高层面的模式要相对独立于其分子基础。

通过这个案例，我们得出更一般的结论：只要是在发育生物学的模式形成的层面提出"为何如此"的问题，而且我们也知道模式形成相对独立于其分子基础，那么就找到了分析问题的某个合适层面，而这个分析层面不需要继续还原到分子层面去。如果有人非要细究某个具体模式在分子层面是如何形成的，他或许需要深入到分子层面去。然而，他可能已经转换了我们问的问题，因为现在他问的不再是"为何某些种类的青蛙和蝾螈的跗骨或整个脚趾脱落时是按照一定顺序或模式进行的"，而是"为何这只青蛙先脱落这个跗骨然后是那个跗骨"。我们也会看到，即使是回答后面的问题，也依赖于我们对前一个问题的解答。

五、结论

本文的两个论证（语境依赖和语境独立）表明，把某些因素看作固定不变的研究策略既发生在"由下往上看的"解释里，也发生在"由上往下看的"解释里：当探索低层面因素的因果效力时，我们把高层面的因素看作固定不变的；而当探索高层面因素的因果效力时，我们又把低层面的因素看作固定不变的。在前一种情况中，低层面现象的发生要依赖其高层面的环境因素，而在后一种情形中，高层面的现象部分独立于其低层面的基础。无论是哪一种情况，我们都没有看到纯粹的还原解释。前者并非还原解释，是因为与被解释项的产生因果相关的环境因素并没有——同时也并不能——被还原；后者并非还原解释，是因为解释实际上是独立于某个更低的基础层面进行的。

参考文献

[1] Sarkar, S. 'Models of Reduction and Categories of Reductionism' [J].*Synthese*, 1992, 91 (3): 167–194.

[2] Kaiser, M. *Reductive Explanation in the Biological Sciences* [M]. New York: Springer, 2015.

[3] Wimsatt, W. 'Reductive Explanation: A Functional Account' [J]. *Philosophy of Science*, 1974, (30): 671–710.

[4] Waters, C. 'Genes Made Molecular' [J]. *Philosophy of Science*, 1994, 61 (2): 163–185.

[5] Waters, C. 'Molecules Made Biological' [J]. *Revue Internationale de Philosophie*, 2000, 54 (4): 539–564.

[6] Sarkar, S. *Genetics and Reductionism* [M]. Cambridge:Cambridge University Press, 1998.

[7] Sarkar, S. 'Reductionism and Functional Explanation in Molecular Biology' [A]. Sarkar, S. (Ed.) *Molecular Models of Life: Philosophical Papers on Molecular Biology* [C]. Cambridge: MIT Press, 2005, 117–144.

[8] Weber, M. *Philosophy of Experimental Biology* [M].Cambridge: Cambridge University Press, 2005.

[9] Laubichler, M., Wagner, G. 'How Molecular is Molecular Developmental Biology? A Reply to Alex

Rosenberg's Reductionism Redux: Computing the Embryo' [J]. *Biologyand Philosophy*, 2001, 16 (1): 53−68.

[10] Delehanty, M. 'Emergent Properties and the Context Objection to Reduction' [J]. *Biology and Philosophy*, 2005, 20 (4): 715−773.

[11] Machamer, P., Darden, L., Craver, C. 'Thinking about Mechanisms' [J]. *Philosophy of Science*, 2000, 67 (1): 1−25.

[12] Robert, J. *Embryology, Epigenesis, and Evolution: Taking Development Seriously* [M]. New York: Cambridge University Press, 2004.

[13] Boveri, T. 'Zur Frage Der Entstehung Maligner Tumoren' [J]. *Science*, 1914, 40 (1041): 857−859.

[14] Soto, A., Sonnenschein, C. 'One Hundred Years of Somatic Mutation Theory of Carcinogenesis: Is It Time to Switch?' [J]. *Biological Essays: News and Reviews in Molecular, Cellular and Developmental Biology*, 2014, 36 (1): 118−120.

[15] Montévil, M., Pocheville, A. 'The Hitchhiker's Guide to the Cancer Galaxy. How Two Critics Missed Their Destination' [J]. *Organisms: Journal of Biological Sciences*, 2017, 1 (2): 37−48.

[16] Sonnenschein, C., Soto, A. *The Society of Cells: Cancer and Control of Cell Proliferation* [M]. Singapore: Springer, 1999.

[17] Green, S. 'When One Model Isn't Enough: Combining Epistemic Tools in Systems Biology' [J]. *Studies in History and Philosophy of Biological and Biomedical Sciences*, 2013, 44: 170−180.

[18] O'Malley, M., Brigandt, I., Love, A., Crawford, J., Gilbert, J., Knight, R., Mitchell, S., Rohwer, F. 'Multilevel Research Strategies and Biological Systems' [J]. *Philosophy of Science*, 2014, 81: 811−828.

[19] Green, S., Batterman, R. 'Biology Meets Physics: Reductionism and Multi-Scale Modeling of Morphogenesis' [J]. *Studies in History and Philosophy of Biological and Biomedical Sciences*, 2017, 61: 20−34.

[20] Alberch, P., Gale, E. 'Size Dependence During the Development of the Amphibian Foot. Colchicine-Induced Digital Loss and Reduction' [J]. *Journal of Embryology and Experimental Morphology*, 1983, 76 (1): 177−197.

[21] Alberch, P., Gale, E. 'A Developmental Analysis of an Evolutionary Trend: Digital Reduction in Amphibians' [J]. *Evolution*, 1985, 39 (1): 8−23.

[22] Salmon, W. *Statistical Explanation and Statistical Relevance* [M]. Pittsburgh: University of Pittsburgh Press, 1971.

生物学中的弱解释还原论及其辩护

张　鑫　李建会

一、引言

还原一直以来都是生物学哲学关注的核心问题之一，不过，近年来相关讨论的重心已经从理论还原转向了解释还原[1]。解释还原指的是仅仅通过部分性质解释系统性质的过程。[1]-[2]在与其相关的讨论中，一个关键性的问题是弱解释还原论是否成立。在这里，我们用弱解释还原论[1]指代这样一类主张，它认为生物学中的任何系统性质都存在一个相应的解释还原过程。换句话说，生物学中任何系统性质总是能够仅仅通过部分性质得到解释。[1][2]弱解释还原成立与否具有重要的意义，而这体现在认识论和方法论两个层面上。认识论层面上，如果弱解释还原论不成立，那么系统层级和部分层级上的认识活动将不

1　与弱解释还原论对应的是强解释还原论，后者认为生物学中一切系统性质都最好仅仅通过部分性质得到解释。这两种还原论的区别在于，强解释还原论不仅主张弱解释还原论成立，即一切系统性质都能够仅仅通过部分性质得到解释，它还进一步主张在有关一个系统性质的全部可能解释中，仅仅包含部分性质的解释是最好的解释。

再具有必然的相关性，因为即便我们认识了部分层级上的一切性质，这些知识在某些情境下也无法构成对系统层级性质的解释。在方法论层面上，如果弱解释还原论不成立，那么还原式的科学研究方法在某些情境中可能是徒劳的，因为即便我们获得了有关部分的知识，在某些情境中单单依靠它们很难最终获得有关系统的知识。基于此，本文将就弱解释还原论是否成立进行讨论。我们的讨论策略是首先列出反对弱解释还原论的四个主要论证，然后分别就每一个论证展开讨论。我们最终的结论是，这四个反弱解释还原论证各自都存在漏洞，因此目前尚无证据完全否定弱解释还原论。

在讨论正式开始之前，我们认为有必要特别辩护一下讨论弱解释还原论的必要性。表面上看，如果我们承认一种物理主义，即一切系统都只由物质构成，那么我们也就应当接受弱解释还原论，因为我们难以想象，一个仅由物质构成的系统，其性质为什么不能够仅仅通过这些物质的性质得到解释呢？如果是这样的话，那么我们对弱解释还原论的讨论也就到此为止了，因为大部分人都接受上述意义上的物理主义。然而事情远非如此简单。亚历克斯·罗森伯格（Alex Rosenberg）指出，尽管大部分哲学家接受上述意义上的物理主义，但相当一部分人并不接受弱解释还原论。[3]罗森伯格将这一现象看成一种悖论，但我们并不认同这种看法，我们认为有充分的理由拒绝从物理主义成立推出弱解释还原论成立。首先，解释活动具有较强的主观性，即它比较强烈地依赖于认识主体。试想这样一个例子：高中物理和大学物理都涉及对动力学现象的解释，不同的是，前者使用了初等数学，而后者使用了微积分。设想我们把对同一动力学现象的两种解释放在一个没有接受过微积分训练的高中生面前，那么他/她会认为运用初等数学的解释解释了相关现象，而运用微积分的解释没有，因为他/她根本不能理解后一种解释的含义。由此可见，怎样的过程属于解释过程强烈地依赖认识主体的认知水平，在这个意义上我说解释比较依赖于认识主体，即解释活动具有较强的主观性。基于此，尽管物理主义的成立保证了系统仅由物质构成，但它不能保证，仅通过物质性质来"解释"系统相对人类的认知水平而言真的构成一种解释，因为这种解释有可能像上面例子中运用微积分的解释那样，在未接受过微积分训练的个体看来并不构成解释。因此，我们认为从物理主义成立不能推出弱解释还原论成立，二者的这种相对独立性导致即便大部分人都接受物理主义，有关弱解释还原论的讨论也不会因此丧失必要性。

二、回应反弱解释还原论论证一：突现论证

1.突现论证

突现论证认为，一个系统可能具有突现性质，而这些突现性质不能够仅仅通过部分性质得到解释[4]-[5]。那么，什么是突现性质呢？维姆塞特认为，突现性质指的是依赖于构成系统的各部分间的组织结构（mode of organization）的性质。也就是说，只有当系统的各个部分之间呈现出某种特定的组织结构时，系统才具有相应的突现性质，一旦各个部分之间的组织结构发生变化，系统可能就不具有该性质了。维姆塞特对于突现性质的定义似乎略显宽松了，因为按照这一定义，石墨和金刚石的很多常见性质也都属于突现性质，因为它们都与相应的组织结构相关。我们承认这一点，但我们仍然认同维姆塞特的上述定义，原因如下。一般情况下，人们认为突现性质的核心特征在于"整体大于部分之和"。[6]这一口号表达的是怎样一种含义呢？首先，我们来看一下实数中的"和"具有怎样的性质。在实数中，和的运算（+）具有交换律（$a+b=b+a$）和结合律（$a+(b+c)=(a+b)+c$），因此，不论$a_1, a_2, ..., a_n$以怎样的顺序相加，其和都是相同的。因此，和的重要特点之一是它仅仅与各个部分的性质（$a_1, a_2, ..., a_n$的取值）相关，而与部分之间的组织结构（$a_1, a_2, ..., a_n$的排列顺序）无关。基于此，本文认为，当我们说整体大于部分之和时，我们想要表达的是系统的相关性质不仅与系统部分的性质相关，还与部分之间的组织结构相关，而这正是维姆塞特对突现性质的定义。突现性质广泛存在于生物学中，[6][7]以下是来自发育生物学的一个案例。在有脊椎动物的肾脏发育过程中，一个重要的事件是两个间介中胚层（intermediate mesoderm）组织——输尿管芽（ureteric bud）和生后肾间质（metanephrogenic mesenchyme）——之间的相互诱导（induction）。其中，生后肾间质诱导输尿管芽生长并分支，而输尿管芽诱导生后肾间质中的间质细胞（mesenchyme cell）转化为上皮细胞（epithelial cell），这些上皮细胞最终聚集并发育成为肾单位（renal nephron）。[8]如果我们将输尿管芽和生后肾间质分离并分别培养，那么输尿管芽将不会生长和分支，生后肾间质中的间质细胞也会迅速凋零。[8]在这个例子中，输尿管芽和生后肾间质构成的系统具有"能够发育成肾脏"的性质，该性质属于突现性质，因为两个组织能否发育成肾脏不仅仅取决于两个组织分别具有的性质，还取决于两个组织之间的组织结构，即两个组织是放在一起培养还是分别培养。

基于维姆塞特对突现性质的定义，在此重述一下突现论证的基本逻辑：一个系统可能具有突现性质，突现性质不仅与部分性质相关，还与部分间的组织结构相关，而由于部分间的组织结构属于系统性质，所以突现性质不能够仅仅通过部分性质得到解释，相关的解释必须包含部分间的组织结构这一系统性质，因此弱解释还原论不成立。

2.回应

我们认为突现论证并不足以推翻弱解释还原论，原因有二。第一，我们承认突现性质的解释必然涉及部分间的组织结构，但我们认为组织结构可以被转化为部分性质。假定系统X包含x_1、x_2和x_3三个部分，则部分间的组织结构可以表述为系统X的性质，即X的三个部分x_1、x_2和x_3满足关系R。与此同时，该组织结构也可以表述为三个部分分别具有的性质，即x_1与x_2和x_3分别满足关系r_{12}和r_{13}，此为x_1的性质；x_2与x_1和x_3分别满足关系r_{21}和r_{23}，此为x_2的性质；x_3与x_1和x_2分别满足关系r_{31}和r_{32}，此为x_3的性质。由此可见，尽管突现性质的解释必然涉及部分间的组织结构，但组织结构可以被转化为部分性质，而在该转化之后，突现性质就能够仅仅通过部分性质得到解释，因此突现论证不成立。然而这里有一个问题，弱解释还原论要求系统性质仅仅通过部分性质得到解释，这里的"部分性质"指是部分脱离系统存在时具有的性质。

因此，严格来说"x_1与x_2和x_3分别满足关系r_{12}和r_{13}"并不能算作部分性质，因为x_1只有在X这个系统之中才可能具有这一性质。所以，上面描述的转化过程严格来说并没有将组织结构转化为部分性质，我们承认这是上述回应不足之处，因此提出第二个原因来回应。

第二个原因是，部分间的组织结构可以被看作初始条件，而在相关解释中出现初始条件并不违背弱解释还原论。弱解释还原论要求系统的任一性质都能够仅仅通过部分性质得到解释，但我们认为这里的"仅仅"并不意味着相关解释除了包含部分性质之外不能够包含任何其他成分，而是意味着相关解释中不能包含系统性质，因为从突现论证和接下来的情景论证可以看出，反弱解释还原论的主要策略之一在于指出相关解释中存在系统性质。基于这一洞见，我们提出弱解释还原论定义中的"仅仅"并不意味着相关解释中不能够包含系统的初始条件，换句话说，在相关解释中出现初始条件并不违背弱解释还原论。这样一来，由于部分间的组织结构很明显可以被看作初始条件（例如，在上述肾脏发育的例子中，部分间的组织结构主要包含输尿管芽与生后肾间质的空间毗邻关系，而这显然可以被看作相关发育过程的初始条件），所以组织结构出现在相关解释中并不对弱解释还原论构成威胁。当然，如果反弱解释还原论者坚持说弱解释还原要求相关解释中除了部分性质之外不能够包含任何其他成分，那么我们就必须承认上述回应的失败。然而，我们认为反弱解释还原论者以此取得的胜利几乎是没有意义的，因为如果弱解释还原要求相关解释中除了部分性质之外不能够包含任何其他成分，那么我们根本没有必要讨论它的正确性，因为它显然是错的——生物学中的大部分解释都包含了系统的初始条件。例如，上面例子中有关肾脏发育的解释包含有相关系统的初始条件，即输尿管芽和生后肾间质需要相互毗邻，而有关基因转录的解释同样包含有相关系统的初始条件，即组蛋白处于松绑状态、DNA处于暴露状态和转录因子处于生成状态等。[8]因此，我们认为弱解释还原论的讨论要想有意义，其定义中"仅仅"的含义必须有选择地放宽，而一旦放宽之后，突现论证对弱解释还原论的反驳也就随之失效了。

三、回应反弱解释还原论论证二:情境论证

1.情境论证

情境论证（context objection）是反弱解释还原论的另一个常见论证。该论证起源于发育生物学，它认为在很多生物学系统（例如发育的胚胎）中，部分只有处于系统之中才具有某些性质，我们把这类性质叫作情境依赖性质。当我们用情境依赖性质去解释系统性质时，表面上系统性质仅仅通过部分性质得到解释，但实际上由于部分性质的情境依赖性，我们潜在地在解释中掺杂了系统性质。在这种情境中系统性质不能仅仅通过部分性质得到解释，因此弱解释还原论不成立。[4] [5] [8] 发育生物学中存在大量情境依赖性质的案例，例如，旁分泌因子BMP4参与大多数物种的发育过程，但它在不同身体部位和不同发育阶段表现出不同的性质。在某些部位和阶段它能够诱导骨骼发育，在另一些它能够诱导细胞凋亡，而在其他一些它能够诱导表皮发育。这一现象背后的原因是，不同部位和阶段代表着不同的环境，而BMP4具有怎样的性质恰恰依赖于它所处的环境。所以，BMP4的上述性质都属于情境依赖性质。

2.回应

针对情境论证，我们的回应策略是，首先以生态学中经典的Volterra模型为例给出情景论证的一个具体案例，然后就这个案例说明情境依赖性质并不构成弱解释还原论的反例。其中，我们的主要论证思路是将情境依赖性质转化为非情境依赖性质。

Volterra模型关注的是物种间竞争资源的活动，它的具体内容如下。假定n个不同物种生存在同一环境之中，且它们之间仅存在竞争资源的关系。对任一物种i，如果其单独生存在该环境中，那么我们假定其个体数量将呈现指数增长，即

$$\dot{x}_i(t) = \beta_i \cdot x_i(t) \tag{1}$$

其中，$x_i(t)$ 表示 i 在 t 时刻的个体数量，$\dot{x}_i(t)$ 是 $x_i(t)$ 的导数，它表示 i 在 t 时刻个体数量的增长率，β_i 反映的是 i 的个体数量指数增长的程度，这一点可以从上述微分方程的一般解（general solution）看出

$$x_i(t) = x_i(0) \cdot e^{\beta_i t} \qquad (2)$$

然而，当 n 个物种共存时，由于竞争关系的存在，$x_i(t)$ 不能够再呈现上述指数增长。此时，我们将 $x_i(t)$ 的增长模式修改为如下形式，

$$\dot{x}_i(t) = [\beta_i - \gamma_i F(x(t))] x_i(t) \qquad (3)$$

其中 $x(t) = (x_1(t), ..., x_n(t))$，$F(x(t)) = \sum_{i=1}^{n} a_i x_i(t)$。$F(x(t))$ 反映的是 n 个物种对资源的消耗总和，其中的 a_i 反映的是 i 物种对资源的消耗能力，因为 a_i 越大，i 消耗的资源量 $a_i x_i(t)$ 也就越大；γ_i 反映的是 i 物种的增长率 $\dot{x}_i(t)$ 对于资源消耗总和 $F(x(t))$ 的敏感程度，因为 γ_i 越大，等式（3）中 $F(x(t))$ 对 $\dot{x}_i(t)$ 的削弱作用越大。根据上述假定，我们得到了以下这个动态系统（dynamic system）：

$$\dot{x}_1(t) = [\beta_1 - \gamma_1 F(x(t))] x_1(t)$$
$$\dot{x}_2(t) = [\beta_2 - \gamma_2 F(x(t))] x_2(t)$$
$$\cdots\cdots \qquad (4)$$
$$\dot{x}_n(t) = [\beta_n - \gamma_n F(x(t))] x_n(t)$$

它的一般解[1]是

$$x(t) = \begin{bmatrix} x_1(t) \\ x_2(t) \\ \vdots \\ x_n(t) \end{bmatrix} \qquad (5)$$

这个动态系统有 $n+1$ 个平衡点（equilibrium point），其中平衡点的含义是，x 是上述动态系统的平衡点，当且仅当 $x(t_0) = x$，那么对于 $t > t_0$，$x(t) = x$，即系统一旦处于状态 x，那么它将一直保持在该状态。在 $n+1$ 个平衡点中，一个为 0，另外 n 个为

1　事实上，这个动态系统属于非线性动态系统，因此通常很难真正地给出其一般解。我们在此仅仅是理论性地写出它的一般解，目的是给下文的讨论提供方便。

$$\bar{x}_i = \begin{bmatrix} 0 \\ \vdots \\ 0 \\ \beta_i/(\alpha_i\gamma_i) \\ 0 \\ \vdots \\ 0 \end{bmatrix} \qquad (6)$$

该动态系统属于非线性动态系统，通过对该系统在 $\bar{x}_i$ 的进行线性化处理，我们发现当 $\dfrac{\beta_1}{\gamma_1} > \dfrac{\beta_i}{\gamma_i}$ 时，平衡点 $\bar{x}_1$ 是稳定平衡点（stable equilibrium point），这里稳定平衡点的含义是，如果系统初始状态 $x(0)$ 足够接近平衡点 $\bar{x}_1$，那么系统未来的状态将全部落在 $\bar{x}_1$ 的附近。

现在我们回到情景论证的讨论上来。如果把 n 个物种看作一个系统，那么"$\bar{x}_1$ 是稳定平衡点"（记作性质 P）就是一个系统性质，因为它的经验含义是，如果 n 个物种初始的数量分布足够接近 $\bar{x}_1$，那么它们未来的数量分布将落在 $\bar{x}_1$ 附近。如何解释系统性质 P 呢？显然，系统之所以具有该性质，原因在于它的一般解 $x(t)(5)$ 具有某些特点，这些特点的存在导致如果 $x(0)$ 足够接近 $\bar{x}_1$，那么该系统未来的状态将落在 $\bar{x}_1$ 附近。又因为 $x(t)$ 由 $x_i(t)$ 构成，所以 $x(t)$ 的上述特点可以通过 $x_i(t)(3)$ 的特点得到解释。这样一来，系统性质 P 也就通过部分性质 $x_i(t)(3)$ 得到了解释。至此，我们似乎完成了仅仅通过部分性质解释系统性质 P 的过程。但情景论证会对此表示怀疑，因为只有当 n 个物种处在该系统之中时，其个体数量才呈现 $x_i(t)(3)$ 的变化规律，而当各个部分独立存在时，其个体数量的变化规律为 $x_i(t)(1)$，所以 $x_i(t)(3)$ 作为 i 的性质属于情境依赖性质。这样一来，当我们用 $x_i(t)(3)$ 去解释性质 P 时，我们实际上在解释中暗藏了系统性质，因此性质 P 并没有仅仅通过部分性质得到解释。

情景还原论证的怀疑是合理的，但我们并不认为它构成弱解释还原论的反例。的确，i 处于系统之中时其个体数量变化规律 $x_i(t)(3)$ 不同于其独立存在时的变化规律 $x_i(t)(1)$。这背后的原因是，当 i 处于系统之中时，它与其他 $n-1$ 个物种通过竞争资源而构成了一个关系结构，这个关系结构使得 $x_i(t)$ 无

法按照(1)中的规律指数增长，这一点可以从下面的等式（通过(1)-(3)得出）看出

$$\dot{x}_i(t)(3)=\dot{x}_i(t)(1)-\gamma_i F(\mathbf{x}(t))^1 x_i(t) \qquad （7）$$

其中 $\gamma_i F(\mathbf{x}(t))x_i(t)$ 反映的就是上述关系结构对 i 的增长率 $\dot{x}_i(t)$ 的影响。因此，$x_i(t)(3)$ 的产生可以通过 $x_i(t)(1)$ 和上述关系结构得到解释，而这个关系结构可以被看作我们在上一部分提到的系统组织结构。换句话说，情境依赖性质 $x_i(t)(3)$ 现在被转化成了 $x_i(t)(1)$ 和系统的组织结构，而 $x_i(t)(1)$ 显然不属于情境依赖性质，因为它是 i 独立存在时的增长规律。至此，系统性质P已经能够仅仅通过非情境依赖性质 $x_i(t)(3)$ 和系统的组织结构得到解释了。此时，我们沿用上一部分中的一个结论，即弱解释还原允许解释过程中出现系统的组织结构，于是上述有关性质P的情境论证便不再能构成弱解释还原论的反例了。

四、回应反弱解释还原论论证三：多重实现论证

1.多重实现论证

在生物学哲学中，多重实现论证是一类经典的反还原论证，不过它通常反的并非弱解释还原，而是理论还原[1]。近年来，随着生物学哲学中有关还原的讨论逐渐由理论还原向解释还原过渡，多重实现论证在一定程度上受到了生物学哲学家的冷落。然而我们认为，多重实现论证在今天有关解释还原的讨论中依然具有十分重要的意义。第一，多重实现论证不仅能够反理论还原，也能够反弱解释还原；第二，多重实现论证可以看作本文下一部分要讨论的原因论证的雏形，而我们认为原因论证是最根本的反弱解释还原论证，因为上面的突现论证和情境依赖论证都可以看作是从原因论证衍生而来的。

多重实现论证认为，如果一类生物学现象能够在某一个空间层级A上获得较为统一的解释，且该解释过程在低于A的空间层级B上被多重实现，那么无论空间层级A上的解释过程在空间层级B上是如何实现的，只要空间层级A上的解释过程发生，该类生物学现象都会发生。这就意味着空间层级A

中的解释过程才是解释相关的，而空间层级B中的解释过程并非解释相关。由于我们不能够把一个解释相关的解释过程还原为一个解释不相关的解释过程，所以层级A上的解释过程不能被还原为层级B上的解释过程[1]。[1][9]

2. 回应

我们在此处的回应策略依然是首先给出一个多重实现论证的实例，然后就这个实例说明多重实现论证并不能否定弱解释还原论。我们的实例来自细胞有丝分裂现象，对这类生物学现象的解释通常发生在细胞器层级上，解释的内容大致包括染色体复制、纺锤体形成、姐妹染色单体分离和子细胞形成。显然，这样的解释具有统一性，因为它几乎适用于全部物种的细胞有丝分裂过程。现在我们从细胞器层级走到大分子层级，在这里，上面细胞器层级的解释过程是被多重实现的，因为不同物种的细胞有丝分裂过程在大分子层级上存在着明显的差异。这就意味着，相对于细胞有丝分裂这一类现象，无论细胞器层级上的解释过程在大分子层级上是如何实现的，只要细胞器层级上的解释过程发生，细胞都会发生有丝分裂，因此，相对于细胞有丝分裂这一类现象而言，细胞器层级的解释过程才是解释相关的，而大分子层级的解释过程并非解释相关。由于我们不能把一个解释相关的解释过程还原为一个解释不相关的解释过程，所以细胞层级的解释过程不能被还原为大分子层级上的解释过程，以上便是一个典型的多重实现论证。[9]

多重实现论证的最大问题在于，它里面涉及的待解释现象是类型现象（type），而弱解释还原论涉及的是个例现象（token）。上面的多重实现论证案例中，待解释的是一类生物学现象（类型现象），即细胞有丝分裂，因此细胞器层级上的解释过程也就是一类解释过程，它涵盖了众多物种的细胞有丝分裂过程。正是基于此，这一解释过程才如多重实现论证所言，在大分子

---

1   当然，这里的还原原本是指理论还原，但因为在这个还原过程中A和B构成了整体—部分关系，所以此处的还原也可以理解为解释还原，即我们只需将空间层级A上的解释过程理解为系统性质，而将空间层级B上的解释过程看作通过部分性质对该系统性质的解释过程。于是，多重实现论证就从一个反理论还原论证转化为了反弱解释还原论证。

层级上是多重实现的，因为不同物种的有丝分裂过程在大分子层次上存在明显的差异。因此，我们认为多重实现论证成立的关键在于，它里面涉及的待解释现象是类型现象。然而，弱解释还原论说的是任一系统的任一性质都能够仅仅通过部分性质得到解释，所以它涉及的待解释现象并不是一类现象，而是一例现象，即个例现象。因此，多重实现论证如果能够对弱解释还原论构成威胁，那么它必须能够在个例现象的情境下成立。但这是不可能的。例如，如果我们现在关注的是一例有丝分裂现象，那么它在细胞器层级和大分子层级上的解释过程都将是唯一的。这就意味着，细胞器层级的解释不再被大分子层级的解释多重实现，而多重实现论证也就随之失效。

五、回应反弱解释还原论论证四：原因论证

1.干预主义与原因论证

与前几个论证不同，原因论证不是被明确表述的一个论证，但我们认为这个论证至关重要，因为前面几个论证都可以看作它的衍生物。例如，突现论证强调的是突现性质存在的原因并不仅仅包括部分性质，还包括系统的组织结构；情境依赖论证强调的是系统性质存在的原因并非部分独立存在时具有的性质，而是部分处于系统时具有的性质；而多重实现论证中的"某一层级上的解释并非解释相关"，按照下面将要介绍的干预主义原因理论可以翻译为，该层级上的元素不是待解释的系统性质的原因。原因论证建立在近年来受到较多关注的干预主义原因理论（以下简称干预主义）的基础之上[10]-[15]，因此我们首先给出一个有关干预主义的概要性描述。

（1）干预主义

干预主义存在决定论和概率论两个版本。决定论版本说的是，变量X是变量Y的原因的条件是，当干预I作用于X时，X的值取作x，同时Y的值相对I作用之前发生变化。概率论版本说的是，我们将Y的取值看作一个随机变量，此时，X是Y的原因的条件是，当干预I作用于变量X时，X的

值取作x，同时Y的期望值发生变化，尽管Y的值本身可能并不发生变化。尤其重要的是，两个版本中的I（其作用于X的结果为X的值取作x）必须满足如下条件：[15] [16]

I必须是X的唯一原因；

I不改变相关系统中X以外其他变量的原因关系；

如果I是Y的原因，那么从I到Y的原因路径必然经过X；

如果Z是Y的原因且从Z到Y的原因路径不经过X，那么Z必然不是I的原因；

如果Z是Y的原因且Z不在从I到X到Y的原因路径上，那么I取值的变化不会导致Z取值的变化。

（2）原因论证

原因论证的内容是，存在这样的系统性质X，尽管它表面上能够仅仅通过部分性质得到解释，但这些部分性质按照干预主义来说并非性质X的原因。此时，上述解释实际上并不成立，因为一般来说，生物学中的解释属于因果解释过程。这样一来，X的性质就不能仅仅通过部分性质得到解释，因此弱解释还原论不成立。

2.回应

原因论证的关键在于生物学中是否存在它所描述的系统性质X。因此，我们在此处的回应策略是找出X具有代表性的候选者，然后将其与X的性质进行比对，观察它是否真的是X。如果不是，那么我们认为X的存在就值得高度怀疑。然而，生物学中存在大量X的候选者，应当选择哪个作为代表呢？我们认为，这些候选者大多与稳健性（robustness）相关，即当系统的某些参数发生变化，这些候选者并不发生变化，因此，我们的策略是选择一个与稳健性相关的候选者作为代表。具体来说，我们选择的代表与细胞命运相关。给定一个细胞的DNA序列，我们可以得到该细胞所有可能的基因表达状态构成的空间S以及有关基因表达状态的动态系统G。不同类型的细胞具有不同的基因表达状态，它们通常是G的稳定平衡点，也就是说，当一个细胞的基因表达状态位于这些基因表达状态中某一个的附近时，细胞将义无反顾地朝这个基因表达状态对应的细胞类型发育，从而体现出发育的稳健性。[17][18]现在，假定细胞C的命运为A，即C最终会发育成为A，$g_1, ..., g_n$代表C中基因1到基因n的初始表达状态，Y表示"C的命运为A类细胞"。显然，Y是C的系统性质，且它能够通过部分性质$g_1, ..., g_n$得到解释，即把$g_1, ..., g_n$代入动态系统G后，我们会发现C的基因表达状态将不断趋向A。然而，按照干预主义，部分性质$g_1, ..., g_n$并非Y的原因，因为假定在干预I的作用下$g_1, ..., g_n$取值变为$g_1', ..., g_n'$，此时，由于A对应的基因表达状态是G的稳定平衡点，所以只要$g_1', ..., g_n'$与$g_1, ..., g_n$相距不要太远，C依旧会发育为A，Y的真值将不发生变化。因此，我们说Y是原因论证中X的一个与稳健性相关的候选者。

那么，Y是否真的就是X呢？我们认为答案是否定的，原因有二。第一，由于A对应的基因表达状态是G的稳定平衡点，初始状态$g_1, ..., g_n$在一定范围内的偏移的确不会导致C的命运发生变化。然而，当上述偏移超过一定范围时，C将不再朝A的方向发育。此时，按照干预主义，部分性质$g_1, ..., g_n$是Y的原因，而这不符合X的要求，因为按照原因论证，X的部分性质不是X的原因。第二，干预主义包括两个版本。决定论版本要求变量X是变量Y的原因的条件是，当干预I作用于X时，Y的取值发生变化。按照这一版本，如果我们抛开原因一不谈，那么部分性质$g_1, ..., g_n$的确并非Y的原因。概率论版本要求变量X是变量Y的原因的条件是，当干预I作用于X时，Y的期望值发生变化。按照这一版本，部分性质$g_1, ..., g_n$就是Y的原因，因为如果初始状态$g_1, ..., g_n$的偏移使它离稳定平衡点更远，那么环境因素和偶然因素就更有可能把它拉到稳定平衡点的有效范围之外，阻止C发育成A，即Y的期望将朝0的方向移动（假定Y为真时其取值为1，为假时取值为0）。反之，如果$g_1, ..., g_n$偏移使它离稳定平衡点更近，那么Y的期望将朝1的方向移动。因此，从这个角度来看Y同样不符合X的要求，因为按照概率论版本，部分性质$g_1, ..., g_n$是Y的原因，而原因论证要求X的部分性质不是X的原因。

六、结论

反弱解释还原论的四大主要论证分别为突现论证、情境论证、多重实现论证和原因论证。其中，原因论证是未被明确表述但最根本的论证，因为其他三个论证都可以看作它的衍生物。我们通过回应这些论证为弱解释还原论进行了辩护，我们认为目前尚不存在能够彻底否定弱解释还原论的证据。基于此，在相关的证据出现之前，我们认为一个更为迫切的问题是，假定弱解释还原论成立，那么在对系统性质的所有解释中，仅仅包含部分性质的解释是否总是最好的解释。我们将对这一问题的肯定回答叫作强解释还原论，而我们对强解释还原论持否定的态度，本文中不详细讨论。

参考文献

[1] Brigandt, I., Love, A. 'Reductionism in Biology' in The Stanford Encyclopedia of Philosophy. <https://plato.stanford.edu/archives/spr2017/entries/reduction-biology/> (2017-02-21).

[2] Sarkar, S. *Genetics and reductionism* [M]. Cambridge: Cambridge University Press, 1998, 16-68.

[3] Rosenberg, A. *Darwinian Reductionism: Or, How to Stop Worrying and Love Molecular Biology* [M]. Chicago: University of Chicago Press, 2006, 1-56.

[4] Delehanty, M. 'Emergent properties and the context objection to reduction' [J]. *Biology & Philosophy*, 2005, 20 (4): 715-734.

[5] Laubichler, M. D., Wagner, G. P. 'How Molecular is Molecular Developmental Biology? A Reply to Alex Rosenberg's Reductionism Redux: Computing the Embryo' [J]. *Biology and Philosophy*, 2001, 16 (1): 53-68.

[6] Wimsatt, W. C. 'Aggregativity: Reductive Heuristics for Finding Emergence' [J]. *Philosophy of Science*, 1997, 64 (4): S372-S384.

[7] Donagan, A., Jr, A. N. P. & Wedin, M. V. *Human Nature and Natural Knowledge* [M]. Berlin: Springer Netherlands, 1986, 259-291.

[8] Gilbert, S. F. *Developmental biology* [M]. Sunderland: Sinauer Associates, 2016, 45-88.

[9] Kitcher, P. '1953 and all that: a tale of two sciences' [J]. *The Philosophical Review*, 1984, 93(3): 335-373.

[10] Pearl, J. *Causality: Models, Reasoning and Inference* [M]. Cambridge: Cambridge University Press, 2009, 41−61.

[11] Woodward, J. 'Explanation, invariance, and intervention' [J]. *Philosophy of Science*, 1997, 64(4): S26−S41.

[12] Woodward, J. 'Explanation and invariance in the special sciences' [J]. *The British Journal for the Philosophy of Science*, 2000, 51 (2): 197−254.

[13] Woodward, J. *Making Things Happen: A Theory of Causal Explanation* [M]. Oxford: Oxford University Press, 2005, 187−239.

[14] Woodward, J. Causation with a human face. <http://philsci-archive.pitt.edu/archive/ 00003844/> (2018-08-04).

[15] Woodward, J., Hitchcock, C. 'Explanatory generalizations, part I: A counterfactual account' [J]. *Noûs*, 2003, 37 (1): 1−24.

[16] Woodward, J. 'Causation and Manipulability' in The Stanford Encyclopedia of Philosophy. <https://plato.stanford.edu/archives/ win2016/entries/causation-mani/> (2017-05-01).

[17] Huang, S., Ernberg, I., Kauffman, S. 'Cancer attractors: a systems view of tumors from a gene network dynamics and developmental perspective' [J]. *Seminars in Cell & Developmental Biology*, 2009, 20 (7): 869−876.

[18] Huang, S., Eichler, G., Bar-Yam, Y., Ingber, D. E. 'Cell fates as high-dimensional attractor states of a complex gene regulatory network' [J]. *Physical Review Letters*, 2005, 94 (12): 128701(1)−128701(4).

自然选择、定律与模型

——福多的"先验论证"错在何处？

李胜辉

　　自然选择理论是进化生物学知识体系的内核，然而自该理论诞生之日起，科学家和哲学家们围绕它展开的争论就从未停止过。其中涉及一个主要的哲学问题：作为一个对有机体的进化史和进化机制进行解释的理论，它提供的究竟是一种"律则解释"（nomological explanations），还是一种仅对不同的历史事件进行因果说明的"历史叙述"（historical narratives）呢？换一种说法，在进化生物学中存在有关自然选择的定律吗？福多（Jerry Fodor）构造了一个"先验论证"说明自然选择理论不能支持反事实句。由此，他断言它不是定律，它提供的只是"历史叙述"而非"律则解释"。这一观点引起了人们的激烈争论，哲学家们对福多的"先验论证"进行了系统的反驳。其中以索伯为代表，他主张生物学中一些有关自然选择的数学生物学模型可以支持反事实句，它们就是定律。但是，我认为索伯的观点并不成立。如果想要反驳福多的论证必须另辟他途。

一、福多的先验论证

福多的论证主要是针对达尔文的"自然选择"理论提出的。达尔文的进化思想主要包含两个方面的内容：共同由来（common descent）学说和自然选择学说。前者声称地球上现存的生物物种都是过去物种的后代，所有的生物都来源于共同的祖先。后者认为生物起源和演化的普遍机制是"自然选择"，生物的性状都是适应环境的结果，都应该用自然选择来解释。这一主张又被称为"适应主义"（adaptationism）。福多认为前一种学说非常正确，而后一种学说却面临着无法克服的疑难。

我们可以用福多所举的一个例子来说明他的论证。设想在一个生物种群中，一部分个体具有心脏，而另一部分个体没有。有心脏的个体，心脏除了可以泵血之外，还能发出"怦怦"的声响。而没有心脏的个体既不能泵血也不会发出"怦怦"的声响。泵血（T1）和"怦怦"声（T2）这两个性状可以看作是"局部同延的"（locally coextensive），[1], p.105 因为它们在相同的生理结构中表现出来。再设想这一种群在经过很多代的进化之后，种群中只剩下了有心脏的个体。那么，我们就会问是什么样的原因造成了这个结果呢？标准的回答是：自然选择。因为，具有泵血和"怦怦"声的个体比不具有这两个性状的个体更能适应环境，自然选择倾向于保留具有这两个性状的个体而淘汰不具有这两个性状的个体。但是，事实上我们知道真正使这些个体生存下来并繁殖更多后代的原因是心脏的泵血功能，"怦怦"声不过是伴随泵血功能的一个"搭便车"性状。按照索伯对"选择了……"（selection of）和"为……的选择"（selection for）[1]所做的区分，[2], p.100 自然选择"选择了T1和T2"，而事实上只存在"为T1的选择"。一般情况下，我们可以很清楚地知道自然选择"选择了……"，但是，对于自然选择"为……的选择"却不清楚。

1　索伯认为"选择了……"中的"……"代表的是自然选择发生作用所导致的结果，而"为……的选择"中的"……"代表的则是导致结果的原因。

也就是说，"为……的选择"中的"……"所代表的内容是不透明的。于是，人们会问对于总是同时出现的T1和T2，自然选择如何确定"为……的选择"中的"……"所代表的内容呢？我们可以设想这样两种"反事实"的情形：存在一个可能世界，在这个世界中所有个体都具有心脏，但不会发出"怦怦"的声音，有心脏的个体比没有心脏的个体能够更好地适应环境；而在相邻的另一个世界中，所有具有心脏的个体都会发出"怦怦"的声音，但是都没有泵血功能，这些具有心脏的个体与不具有心脏的个体在适应环境的能力上并不存在差异。福多认为，只有自然选择理论解决了上述反事实问题，它才能为自然选择的过程提供因果解释。

那么，自然选择理论怎样才能够解决上述反事实问题呢？福多认为存在两种可能的路径：

第一种路径：自然中存在着有意向的行动者——"大自然母亲"（mother nature）。[3], p.5 自然选择可以像大自然母亲那样有意识地进行只"为T1的选择"，而不进行"为T2的选择"。

第二种路径：存在关于自然选择的定律。对于同延的两个性状T1和T2，进化生物学中存在一个只"为T1的选择"而不"为T2的选择"的自然选择定律。

但是，福多认为这两种路径都是行不通的。对于第一种路径，他认为"大自然母亲"根本就不存在，自然选择过程是无意识的。对于第二种路径，他认为生物学中不存在关于自然选择的定律。因为，自然选择的发生极其依赖特定的生态环境，它是高度"语境敏感的"（context sensitive）。[3], p.9 这种"语境敏感性"使自然选择理论无法脱离对具体环境的依赖而提供普遍的解释，也无法支持反事实情形。他进一步认为生物学中也不存在"其他情况均同律"（ceteris paribus）。因为所谓的其他情况均同在自然选择中根本无法做到，"不像科学家在实验室那样，自然选择无法控制那些令人混乱的变量"[3], p.10，假定其他情况均同就可能使自然选择理论失去它特有的理论价值。

综上所述，福多认为"自然选择理论不能在同延的表型性状之间做出区分"，[1], p.154 所以，自然选择所提供的仅仅是"历史叙述"而非生物学解释。

我们可以将福多的论证总结如下：[3], p.11

（i）要解释一个种群的表型性状分布，就需要一个"为……的选择"的观念。但是，"为……的选择"中的"……"所代表的内容是不透明的。

（ii）如果，T1和T2是同延性状，在"为T1的选择"和"为T2的选择"之间做出区分时，就要依赖T1在一个世界中被选择而T2在另一个世界中没有被选择的反事实情形。

（iii）如果自然选择能够解决上述反事实情形，那么，必须或者（a）存在有意向的行动者（大自然母亲）可以进行选择，或者（b）存在相关的自然律。

（iv）但是：

（a）不可能，因为不存在"大自然母亲"；

（b）不可能，因为自然选择的"语境敏感性"排除了存在相关自然选择定律的可能性。

（v）自然选择理论不能对生物种群中同延性状的分布做出区分。

二、索伯与先验定律

福多的"先验论证"一经提出便引起学者们的激烈争论。许多学者纷纷对福多的论证提出批评，其中最具代表性的是索伯的观点。他主要质疑的是福多在（iv）中的观点。对于其中的第一种路径，索伯认为福多的观点是成立的，自然中不存在"大自然母亲"。但是，对于第二种路径，索伯认为福多的观点并不成立。

首先，索伯提出一个类比论证来反驳"语境敏感性"观点。他的类比论证可以总结如下：（1）当物理学家们去解释万有引力如何作用于地球时，需要依据地球、月亮、星星以及其他一些事物的状态。这些事物的状态都被看作万有引力发挥作用时所依赖的环境。但是，这不影响人们把万有引力定律视为定律；（2）同样，当生物学家们去解释自然选择如何发生作用时，也需要依据特定的生态环境，在这一点上生物学和物理学并没有区别；（3）所以，我们应该接受生物学也可以像物理学一样拥有自己的定律。索伯认为这些外在的环境因素不过是一些"占位符"，[4], p.598 环境的改变只是使其中的填充内容发生改变，以"语境敏感性"为理由来否定生物学中存在定律，是非常薄弱的论证。

其次，索伯进一步主张生物学中存在有关自然选择的定律。他认为数学生物学中存在着很多定律。但生物学家们常常并不把它们叫作"定律"，而是叫作"模型"。福多和他的支持者们之所以否定生物学中存在自然选择的定律，是因为"他们从来没有注意到进化理论家们所发展出来的自然选择动力学模型"。[4], p.598

索伯以R. A. 费希尔（R. A. Fisher）的"性别比例进化模型"（the model of sex ratio evolution）为例来说明上述模型的特征。费希尔模型和其他数学生物学模型一样都是一些简洁的数学公式。为了论述方便，我们不再列出它的公式，只大致描述一下它要说明的内容。费希尔模型表明在一个随机交配且亲代繁殖的雄性和雌性后代数量存在差异的群体中，自然选择总是倾向于保留群体中能够繁殖少数性别个体的亲本，最终使种群的性别比例接近1:1。比如，在一个种群中存在亲代、子一代和子二代、三代不同的个体。假设在子二代中存在10个个体，而在子一代中存在着2个雄性和5个雌性，那么，平均每个子一代雄性具有5个后代，每个子一代雌性拥有2个后代。这意味在子一代种群中雄性拥有更多的后代，相比雌性，它们可以更有效率地把基因传递给下一代。这时，自然选择将倾向于保留可以繁殖更多雄性的亲代。相反，如果子一代中的雄性多于雌性，那么自然选择则会向另一个方向发展。总之，"如果群体中的性别比例偏向于一个方向，选择就会青睐可以减少这种偏向的性状。结果就会产生同等数量的雄性和雌性。"[5], p.16

索伯认为费希尔模型可以被视为定律。他把这样的定律称为"先验"定律，因为它是"数学上的真理"，[6], p.S459 我们可以先验地知道它在数学上为真。虽然它并不包含任何经验内容，但这并不影响它在生物学中的作用。他认为这个数学模型具有两个重要的特征。第一，"像牛顿的宇宙万有引力定律一样，费希尔模型并不把它的应用限定于任何特定的时间或空间。而且费希尔模型可能有数以千计的应用，也可能完全没有应用"。第二，"这个模型是一个如果/那么（if/then）陈述；它向从来没有得到满足的无数如果（ifs）这样的可能性开放"。[5], p.16 我们从第一点可以看出，费希尔模型具有"普遍性"，它可以像物理学中的定律那样为自然选择的过程提供一种普遍性而不仅是案例性的解释。而从第二点可以看出，费希尔模型也可以支持任何相关的反事实句。显然，索伯已经说明了费希尔模型与物理学中的定律具有相同的作用，它就是有关自然选择的定律。据此，他主张福多在（iv）对第二种路径的反驳是不成立的。

我们可以总结一下。福多在（iv）的第二种路径中以自然选择是"语境敏感的"为由，指出自然选择理论不能提供普遍性的解释且无法解决反事实问题，所以不存在有关自然选择的定律。索伯则反驳称，"背境敏感性"论证是非常薄弱的，费希尔模型就是有关自然选择的定律，它不仅可以提供普遍性的解释，而且可以解决反事实问题，所以（iv）不成立。

三、生物学模型与反事实句

那么，索伯的论证就是无懈可击的吗？不。我部分赞同他对（iv）的反驳，我同样认为以"语境敏感性"为由来否定生物学中存在有关自然选择的定律是一个薄弱的论证。但是，我并不认为"费希尔模型就是定律"这一主张真正驳倒了福多的观点。

为了更好地引出我的观点，对福多与索伯之间的根本分歧做一点引申是完全有必要的。在（iv）中，他们争议的核心问题是"生物学中是否存在有关自然选择的定律"。在回答该问题时，他们都采取了米切尔（Sandra Mitchell）所谓的"规范进路"（the normative approach）。[7], p.S469 该进路是先给出定律的定义或满足条件，然后比对生物学中的理论概括是否满足这些定义或条件，进而判断它们是否享有被称为"定律"的资格。"规范进路"所开列的条件一般包括，"逻辑上偶然（拥有经验内容）、普遍性（涵盖所有空间和时间）、真理（没有例外）和自然的必然性（非偶然的）"[8], p.246 等。虽然，他们都遵从"规范进路"，但是在如何运用该进路去解答前面的核心问题上却存在着严重的分歧。从前文的论述中，可以看出福多认为关于自然选择的理论（或模型）无法满足"规范进路"所要求的"普遍性"和"自然的必然性"这两个标准，所以它们不是定律。而索伯针锋相对地指出，以费希尔模型为代表的数学生物学模型可以满足"普遍性"和"自然必然性"的要求。除此之外，索伯还认为定律并不必须拥有经验内容，先验的数学模型也可以被认为是定律。[5], p.S458 上面我基本概括了他们争论的关键所在，现在可以展开我的观点了。

　　面对索伯的观点，福多的支持者们会说，费希尔的模型真的具有普遍性而没有例外吗？他们会针锋相对地指出，生物学中的理论可能"总是受到时间和空间的限制，并且它们常常都有很多的例外"。[9], p.494 比如，费希尔模型就仅适用于地球上有性生殖的种群，它并不符合"规范进路"的支持者们所要求的普遍性标准。即使不纠结于普遍性问题，他们也可能会问："有什么理由认为定律可以不是经验的呢？"他们会坚称"拥有经验内容"是构成定律的必要条件，如果生物学模型是先验的，不具有经验内容，那么它们就没有资格成为定律。基于以上理由，他们完全可以说索伯的观点是不成立的，福多在（iv）中的观点仍然可以保留。

　　然而，即使索伯的方案不成立，也不意味着福多的论证可以接受。（iv）中的观点或许可以接受，但（iii）可以被反驳。理由是，除了"大自然母亲"和"定律"外，还存在第三种可以支持反事实句的路径，即索伯所说的"数学生物学模型"。关于这些模型何以能支持反事实句，有必要再做一点说明。一般认为，定律之所以支持反事实句，是因为它们具有"自然的必然性"，它们是非偶然的概括。那么，生物学中的数学模型具有"自然的必然性"吗？吉尔（Ronald Giere）认为"数学建模就是构造一个理想的、抽象的模型，然后去比对它与一个真实系统的相似性程度"。[10], p.50 这就是说数学模型可以在很大程度上表征真实世界中的某种自然必然性。'或许正是在这个意义上，索伯认为"这些模型是可以支持反事实句的非偶然概括"。[4], p.598 我接受他的这一观点。但与他不同的是，我仅坚持这些模型可以支持反事实句，并不主张它们一定可以满足"规范进路"所要求的其他条件，也不进一步主张它们就是定律。相比索伯的方案，我的方案虽然观点较弱，却有着明显的优势。它不但可以有效地反驳（iii），而且可以避开"规范进路"的支持者们对索伯提出的大部分质疑。

当然，有人可能会用其他方式为索伯的方案提供辩护。但是，我认为，就反驳福多的"先验论证"这一目的而言，我的方案相比索伯的方案有三个方面的优势。下面将分别进行说明。

第一，我的方案具有较小的争议性。仔细分析福多和索伯的分歧，我们就会发现其中存在两种不同类型的争论。一类是争论生物学模型是否可以满足"规范进路"所要求的标准，比如，生物学模型是否具有普遍性；另一类是争论"规范进路"应当包含什么样的标准，比如，"规范进路"应当把拥有经验内容作为评价定律的标准吗？显然，第二类问题要比第一类更基本，因为人们只有在回答了"规范进路"应该包含什么样的标准之后，才能回答生物学模型是否符合这些标准。相应地，与第一类问题相比，人们在第二类问题上可能存在着更多的争议。原因在于，在争论第一类问题时很大程度上涉及的是"是与否"的事实问题，分歧更容易通过论证和说服达成一致；而在争论第二类问题时涉及的是"应当与不应当"的价值问题，产生的分歧很大程度上体现的是争论双方在价值取向上的差异，争论双方很难通过论证和说服达成和解。我相信，如果索伯继续坚持他的方案，他将就两类不同的问题

1　这里涉及学者们关于科学模型的认识论问题的讨论。一般认为模型是对世界的表征，学者们争论的焦点在于"模型是如何表征世界的"。吉尔是这场争论的代表人物之一，我援引他的观点只是想表明模型是可以表征世界的。至于表征的具体机制是什么，与本文没有太大的关系。

与福多展开争论。他们可能在第一类问题的某些方面达成共识（比如，他们可能都会认可生物学模型具有"普遍性"和"自然的必然性"），但他们在第二类问题上的争论将会一直持续下去。他顶多与福多打成平手，并不能有效地驳倒福多的"先验论证"。相反，我的方案则具有较小的争议性。我将仅面临第一类问题而绕开第二类问题。或许，人们会在"数学生物学模型是否能够支持反事实句"这个问题上存在争议。但是，与第二类争议相比，这个争议显然更容易通过论证和说服达成一致。

第二，我的方案有着更小的举证负担（burden of proof）。如果索伯要证明生物学模型就是定律，他除了要证明模型可以支持反事实句外，还要证明它能够符合"规范进路"所要求的其他条件，比如普遍性、没有例外等。相反，我的方案仅需证明生物学模型可以支持反事实句。显然，我的方案与索伯的相比有着更小的举证负担，因此也更容易捍卫。

第三，我的方案与现代生物学的实践更为吻合。我反对"生物学中的模型就是定律"这一观点的另外一些依据是经验性的。它们源自现代生物学的实践。著名的生物学家E.迈尔指出，19世纪的一些生物学家们可能经常提到"定律"这个概念，但是"如果人们去看几乎所有现代生物学分支学科的教科书，那么他们可能一次也见不到'定律'这个词"。[11], p.37 在E.迈尔看来，这并不是说生物学中不存在规律性，而是生物学家们往往不把它们叫作"定律"而是叫作"定则"（rules），[11], p.37 因为这些规律性都是统计的或概率的，都存在着很多例外。由此，我们或许可以说，大多数现代生物学家都认为生物学中的理论或模型可以起到"定律"在物理学中所起的那些作用，但是他们也都意识到了这些理论或模型与物理学"定律"之间的差别，因而很少把它们冠以"定律"的名称。这表明我的观点可以更好地得到现代生物学发展的实际情况的支持。

至此，我已经说明了我们仅需坚持"生物学模型可以支持反事实句"，就可以反驳福多的"先验论证"，再者，我的反驳方案与索伯的相比更容易成功，也更符合现代生物学的实践。

四、结语

最后，有必要提及我的方案可能带来的一个哲学后果。在反驳福多"先验论证"的过程中，索伯认为生物学中的先验数学模型除了可以支持反事实句外，还可以满足福多所要求的其他条件，因此它们可以被视为"定律"。我认为索伯的观点并不成立，要反驳福多的观点必须寻找新的思路。我提供了一种不同于索伯的方案。我的方案仅主张生物学中的数学模型可以支持反事实句，但并不坚持它们一定可以满足"规范进路"所要求的其他条件，也不进一步主张它们就是定律。我的方案实质上是在减弱索伯观点的同时吸收其中的优势部分。这样做的好处是不仅更为符合现代生物学的实践，而且可以使我们不必纠缠于"生物学模型即是定律"这个极具争议的论题，从而可以很大程度上避免索伯的反对者们可能提出的批评。但这样做的一个直接后果是，关于"定律"的争论将会淡出我们的理论视野，与此同时，"数学生物学模型究竟是什么？它们具有什么特征呢？"等关于"模型"本性的问题将会占据传统争论淡出后所留下的空白。实质上，我的方案并未完全消解传统争论所涉及的问题，而是把它们转化为一些更容易获得答案的新问题。显然，对于这些新问题，我的方案仅提供了非常小的一部分答案，还有许多问题是在未来的研究中必须着手解决的。

参考文献

[1] Fodor, J., Piatelli-Palmarini, M. *What Darwin Got Wrong* [M]. New York: Farrar, Straus, & Giroux, 2010.

[2] Sober, E. *The Nature of Selection* [M]. Cambridge: MIT Press, 1984.

[3] Fodor, J. 'Against Darwinism' [J]. *Mind & Language*, 2008, 23 (1): 1−24.

[4] Sober, E. 'Natural Selection, Causality, and Laws: What Fodor and Piatelli-Palmarini Got Wrong' [J]. *Philosophy of Science*, 2010, 77 (4): 594−607.

[5] Sober, E. *Philosophy of Biology* [M]. Boulder: Westview Press, 1999.

[6] Sober, E. 'Two Outbreaks of Lawlessness in Recent Philosophy of Biology' [J]. *Philosophy of Science*,

1997, 64 (4): S458−S467.

[7] Mitchell, S. 'Pragmatic Laws'[J]. *Philosophy of Science*, 1997, 64 (4): S468−S479.

[8] Mitchell, S. 'Dimensions of Scientific Law' [J]. *Philosophy of Science*, 2000, 67 (2): 242−265.

[9] Mayr, E. 'The Philosophical Foundations of Darwinism'[J]. *Proceedings of the American Philosophical Society*, 2001, 145 (4): 488−495.

[10] Giere, R. 'Using Models to Represent Reality' [A]. Magnani, L., Nersessian, N., Thagard, P. (Eds.) *Model Based Reasoning in Scientific Discovery* [C]. Springer, 1999.

[11] Mayr, E. *The Growth of Biological Thought: Diversity, Evolution and Inheritance* [M]. Cambridge: Harvard University Press, 1982.

关于"生物共生"的概念分析

杨仕健

生物共生是生命世界中非常普遍的现象。一方面，动植物之间经常存在互助与合作；另一方面，很多动植物的生存密切依赖于共生微生物，90%的陆生植物都与根瘤菌共生，而几乎所有的食草类哺乳动物和昆虫都依赖其体内的共生微生物消化纤维素类食物。[1], p.ix 20世纪60年代，林恩·马古利斯（Lynn Margulis）首次提出了连续内共生理论（Serial Endosymbiosis Theory, SET），指出真核细胞是由若干种原始原核细胞通过共生进化而来的。[2]该理论提出伊始，遭到了激烈的反对。到了今天，主流生物学界不仅广泛接受了真核细胞的共生起源说，还意识到生物共生对整个生态圈的维持起着无可替代的重要作用。与此同时，共生概念还大量"外溢"到了历史、经济、教育、艺术、计算机等诸多不同领域中。尽管共生概念在生物学界之外被广泛应用，但是在生物学界内部，正如马古利斯所指出的，"从来没有一个关于共生的清晰和一致的一般性定义"。[3], p.3

根据科学史家萨普（J. Sapp）记载，现代生物学中"共生"的定义最早由德国植物学家德·巴里（A. De Bary）在1878年给出。[4], p.7 德·巴里将共生定义为"名称不同的有机体共同生活"（living together of unlike named organisms），该定义只是指出了共生概念的外延，却没有说明其内涵。对共生概念的内涵分析可引出两类问题。第一类是共时性问题：这种"共同生活"本质上是什么样的关系？各种共生复合体到底是什么性质的生物实体？第二类是历时性问题：共生与进化的关系到底是什么？近年来，在国际生物学哲学界，共生概念也逐渐受到关注，比如金·斯蒂理尔尼（K. Sterelny）在阐述可进化性（evolvability）、遗传（inheritance）和模块性（modularity）的关系时，使用了代际之间的共生传递（symbiotic transmission）作为一种实例来阐释"基于实例的遗传"（sample-based inheritance）的机制。[5]弗雷德里克·布沙尔（F. Bouchard）将自然选择理论中的适应度概念解读为"分化的持存"（differential persistence）时，使用了共生群落（symbiotic community）的"共同命运"（common fate）这一概念进行辅助说明。[6], pp.632-633 总的来说，生物学哲学家感兴趣的是从各自对共生的不同理解出发，将生物共生作为实例来支持各自的理论建构，却忽略了对共生概念本身的仔细澄清。

近年来，有一类很常见的共生复合体——共生功能体，成为学界争议的焦点。在本文中，笔者将从"共生功能体"的概念分析出发，对共生关系的表征以及共生概念的分析与澄清，给出自己的观点。

一、共生功能体

"共生功能体"一词，在很长一段时间里一直是珊瑚礁生物学的一个术语。根据美国国家海洋和大气管理局（National Oceanic and Atmospheric Administration, NOAA）的定义，共生功能体是一个集合概念，指珊瑚虫及其内生虫黄藻（Zooxanthellae）和其他共生微生物群落构成的集合。后来，该词的含义被进一步拓展。齐尔伯－卢森堡（Ilana Zilber-Rosenberg）等人提出"全基因组理论"（Hologenome Theory）时，对共生功能体概念进行扩展，将其定义为"寄主有机体及所有与之结合的微生物"。[7], p.723 笔者认为，该定义仍然有含糊之处。"所有与之结合的微生物"指代范围很广，既包括紧密结合的内共生菌（endosymbionts），如蚜虫的胞内共生细菌，也包括与寄主松散结合的微生物，如生活在动物体表的微生物，乃至在周边环境中与寄主频繁接触的微生物。后者是否能被视为"共生功能体"的一部分，是值得怀疑的。为了进一步清楚地界定，还需要更清晰的空间—时间边界。笔者注意到，作为寄主的多细胞动植物有机体一般都具有清晰的边界，借助这个已有的边界，可以给出一个更明确的定义。这是笔者在"国际生物学的历史、哲学和社会学研究协会"2011年大会报告中提出的定义："一个共生功能体是由多细胞动植物有机体和生活在其体内的微生物群落组成的一个共生复合体。"由此可见，共生功能体有两大特征：其一，它来自不同物种间的共生，即多物种共生（multi-species symbiosis）；其二，它来自宏观生物与微生物的共生（macrobe-microbe symbiosis）。简言之，共生功能体属于微生物在多细胞动植物有机体内的"个体内共生"（intra-individual symbiosis）。

借助上述定义，我们可以在现象的层面将生物共生明确划分为两类，一类是形成共生功能体，另一类则不是。笔者将前者称为功能体共生（holobiont-symbiosis），后者称为非功能体共生（non-holobiont symbiosis）。功能体共生的典型例子有哺乳动物与其肠道微生物的共生、白蚁与其后肠微生物的共生、蚜虫和胞内共生菌（*Buchnera*）的共生、某些鱼类或乌贼与其发光器官内的发光细菌的共生，等等。非功能体共生包括在自然界中存在的不同种类多细胞动植物个体之间的共生，一个典型例子是海洋中的清洁鱼（cleaner fish）与大型鱼类的共生。清洁鱼指裂唇鱼（wrasse）、加州湾尖嘴隆头鱼（señorita）等许多种类的小型鱼以及某些种类的小虾，它们以大型鱼类体表、口腔、鳃等部位的寄生虫和腐烂皮肉为食，同时也为后者消除了皮肤病的困扰，被服务的大型鱼类，被统称为"顾客鱼"（client fish）。道金斯在《自私的基因》一书中描述了这种奇特的共生现象。[8], pp.186-187

二、关于共生复合体的表征

如何表征生物共生所形成的多种多样的共生复合体？不同学者对此众

说纷纭，大致可区分出两类基本思路：一类是将共生复合体表征为有机体（organism），一类是将其表征为生态群落（ecological communities）。基于第一类思路的表征，以马古利斯等人的学说为典型。马古利斯是美国著名的微生物学家，因提出真核细胞内共生起源说而闻名。她将共生视为生命世界的最基本属性，这种观点与著名的"盖娅假说"密切相关。"盖娅假说"是由美国大气科学家詹姆斯·拉夫洛克（J. Lovelock）最先提出的生态学假说，认为地球上的生物圈和非生命组分紧密结合，相互作用，形成一个复杂的共同体，维持地球的大气和地质生化条件的稳态。马古利斯后来参与到拉夫洛克的工作中。她从微生物学的前沿研究成果出发，结合康斯坦丁·梅列日科夫斯基（K. Merezhkovsky）的共生起源说（Symbiogenesis Theory）以及马图拉纳（H. Maturana）等人的"自创生论"（Autopoiesis Theory），发展和改进了"盖娅假说"。其基本思想可总结如下：

第一，梅列日科夫斯基的自创生论认为新的器官和有机体来自于共生融合，马古利斯推论道，多细胞动植物是原核生物共生进化的产物，本质上可以看作一群单细胞生物的共生聚集体，"所有大到肉眼可见的生物，都是由曾经独立生存的微生物构成的，它们聚集起来，形成更大的整体。它们合并后，大多失去了原有的个体性。"[9], p.33 这样，动植物体内细胞之间的关系，动植物与其共生菌群的关系，不同的原核生物之间的关系，都可以归结为共生关系，于是不同生物个体之间的界限被模糊化。

第二，从自创生论的角度看，"最小的自创生系统，或曰活系统，是以膜为界的细胞，一个细胞或者其他更复杂的自创生实体，经历连续的化学转化，即'生存着'（being alive）。在无时不在的新陈代谢过程中，每个活的实体被包裹在至少一个自己建造的膜状边界内"，[10], p.64 "这膜不是硬邦邦的、确定的、自我封闭的墙壁；它是自我维持的、经常性变化的半透屏障。半透膜的观点使得不同的组织层次可以互相跨越，从机体内的细胞，到细胞构成的有机体，到具备有机体属性的生态系统和生物圈。"[10], p.60 也就是说，自创生实体的边界是不固定的，从细胞一直到最大的组织单位即整个生物圈，都可以被视为自创生实体。这种生命概念中，生命的属性首先是质膜和新陈代谢，然后才是繁殖等其他特征。盖娅虽不能繁殖，但符合其他重要的生命定义标准。生命的最基本单元是细菌细胞。

索林·索内亚（S. Sonea）等人在《新细菌学》（*New Bacteriology*）一书中也提出相似的观点。他们认为所有的细菌组成了一个全球范围内的"超级有机体"（Superorganism），不同细菌菌株如同这个超级有机体内分化的细胞，通过横向基因传递分享同一个基因库，同时又具有新陈代谢的多样性。[11], p.85 比较索内亚等人的"细菌超级有机体"和马古利斯的"盖娅"，不同之处在于前者只着眼于细菌，而后者囊括所有的生命，但两者都侧重于在新陈代谢的意义上理解"有机体"概念。戈弗雷－史密斯定义了作为有机体传统观念的"新陈代谢观"（metabolic view）：有机体是由不同的组成部分共同工作，通过利用外界能量和物质来维持系统的结构，尽管其组成物质在不断更换。[12] 这与马古利斯使用的"自创生实体"概念基本相同。威尔逊（J. Wilson）把因果整合归为有机体的属性，他说，"一个实体如果只是作为一个殊相或历史性实体，其组成部分并不需要因果整合，但是如果作为一个有机体，则必须整合在一起"。[13], p.62

笔者从关于"有机体"的不同版本的传统观点中，提取出如下最基本的内容：

（1）首先有机体必须是一个层级结构的系统，至少具有整体和部分两个组织层次；

（2）部分之间具有因果的相互依赖和合作关系，从而整合为一个整体；

（3）系统整体作为一个功能的单元而存在和自我维持，并发挥其功能。

简言之，传统意义上的有机体总是被视为一个功能上整合的整体，即威尔逊所说的"功能个体"（functional individual）。[13], p.60 在共生功能体中，寄主和共生菌（symbionts）往往有功能上的相互依赖和互利关系：寄主提供营养和适宜的庇护与繁殖场所，共生菌提供寄主无法实现的某种重要功能，比如白蚁后肠中的微生物帮助白蚁分解消化木质素，发光菌发光为寄主乌贼提供掩护，等等，这些性质看上去确实符合传统有机体定义的标准。然而，德雷克·斯基林斯（D. Skillings）对此提出反对。他认为共生功能体更适合被看作生态群落，而不是有机体，理由是：第一，系统内部重复发生的相互作用，即使给双方带来互惠，也并不意味着构成功能的整合或者活跃的协作；第二，寄主与微生物群落双方在新陈代谢上的依赖，并不意味着整个共生功能体形成功能上整合的整体。一个典型的例子是哺乳动物的消化道，寄主为微生物提供有利的"溢出产物"（leaky products），包括温暖、潮湿与营养，细菌会利用和依赖这些资源，与寄主形成偏利寄生（commensalist）关系，但寄主并没有因为细菌的存在而受到影响。总的来说，单纯的生态群落就具备重复发生的动力学和可预测的结果，而不见得来自群落层次的选择、整合或者共同进化（coevolution）。[14], pp.885-889

斯基林斯实际上是以共生功能体为实例，揭示了有机体传统定义的模糊、不确切。克拉克也指出，"功能整合"标准太宽泛，几乎所有的个体都具有某种意义上的整合性，有许多不适合被视为生物个体的东西，也具有功能上的整合性，比如赛车场上的一群后勤维修人员，也可表现出高程度的协作。另外，这种标准和实际的生物个体性质可能并不相符，因为实际的生物个体内部的整合往往只存在于局部模块中，而不是全局作用。[15], p.316

针对传统定义的不足，一种出路是将非黑即白的判断转变为更具包容性的谱系化表征中的程度高低判断。戴维·奎勒（D. C. Queller）和琼·斯特拉斯曼（J. E. Strasmann）建立了关于"有机体性"（organismality）的二维空间表征体系，以"冲突"与"合作"属性构成两个互相交叉的坐标轴，划分出四个象限：系统组分高程度的合作与低程度的冲突，对应着高程度的有机体性，符合这些标准的实体落入第一象限，被标记为有机体；另外三个象限中，高合作与高冲突的组分构成社群（societies），高冲突与低合作的组分构成竞争者（competitors），低合作与低冲突的组分构成简单群组（simple groups）。[16]各种共生功能体大多落入"有机体"象限。戈弗雷-史密斯采用了类似的思路，认为人类与肠道共生菌、乌贼与发光细菌、蚜虫与内共生菌这几种共生功能体，共生双方的相互依赖关系逐渐增强（比如蚜虫与内共生菌离开了对方都不能单独生活），因此它们作为有机体的程度也依次提高。比较高的有机体性，也带来了共生双方一致的繁殖世系。[12], p.32

对于有机体传统观念的模糊性问题，托马斯·普拉蒂乌（T. Pradeu）从免疫学角度给出了另一种出路。他基于免疫连续性（immunological continuity）标准，对有机体进行如下定义："一个功能上整合的整体，由异质的组分所组成，组分在局部范围内受强有力的生物化学作用而相互连结在一起，并受系统全局范围的免疫作用所控制，这种免疫作用持续重复并维持一个恒定适中的强度"。[17], p.244 普拉蒂乌的判断标准更加精确，并且具有更高的包容性。前述被斯基林斯视为反例的偏利共生复合体，如哺乳动物和肠道共生菌群构成的共生功能体，因为共生菌细胞和寄主内部体细胞直接接触，与寄主的免疫系统存在稳定的相互作用，符合普拉蒂乌的"免疫连续性"标准，可被视为有机体。

接下来，我们来考察学界对共生复合体的几种"生态群落"表征。斯科特·吉尔伯特（S. Gilbert）等人在2009年出版了《生态发育生物学》（Ecological Developmental Biology）一书，提倡生态发育生物学这种新的学科范式，将其定义为"研究发育中的有机体及其与环境的关系，试图整合关于发育的分子生物学、解剖学和生态学、进化和药理学等方面的知识与研究"。[18], p.xii 他们阐明此范式用的案例，既包括功能体共生，也包括非功能体共生。对于功能体共生，他们关注共生菌对于宿主发育的诱导和影响，以及宿主对共生菌生长繁殖的反作用，并使用"共同发育"（co-development）概念来理解和描述动植物宿主与共生微生物在发育过程中的协同现象。[18], p.79 他们提倡以这种生态的视角来弥补传统发育生物学所缺失的环境维度。奥马利（M. A. O'Malley）也提倡一种"微生物生态学"视角下的有机体概念。她强调生态学的视角，主要是为了反对传统意义上单一基因组成或单一物种的有机体概念。[19], pp.156–160

布沙尔试图对自然选择理论中的适应度（fitness）概念进行新的解读，将其阐释为"分化的持存"（differential persistence），而不是传统意义上的"分化的繁殖"（differential reproduction）。他以动植物宿主与微生物的共生复合体为例，认为其具有"共同命运"（common fate），具有涌现的适应度，可被视为一个生物学个体；此个体同时又是一个生态群落，共生菌与寄主的相互作用属于生态关系，此个体是流动的（fluid）、短暂的（ephemeral）。他又以小乌贼（*Euprymna scolopes*）与发光细菌（*Vibrio fischeri*）的共生功能体为具体例子，指出它的发光现象是寄主和共生细菌生态互动的结果，是一个生态群落层次上的性状（community-level trait）。[6], p.625

三、"相对名称"与"绝对名称"

接下来，笔者对上述各种表征方案进行分析比较。不难看出，在奎勒等人的表征体系中，"有机体"并不特定指称通常意义上的多细胞有机体，各种低冲突、高合作的组分所构成的生物实体在不同程度上都可被视为"有机体"。奥卡沙（S. Okasha）指出，奎勒等人的定义实际上描述了一个"无等级层级"。"无等级层级"是与"有等级层级"相对的概念，后者是指具体的生物组织层级，其中包括一个公认的作为参照系的生物组织层次（一般是细胞层次），其他层次相对该层次有等级上的高低区别，每一层次上的单元名称是"绝对名称"（absolute designation）。无等级层级取消了绝对的参照层次，每一层次上的单元名称并不指称特定的、具体的生物实体，是"相对名称"（relative designation）。[20], pp.58-60 无等级层级是抽象的，通常只包括组分和整体两个层次，作为一个启发性框架而使用，可运用在不同的具体生物组织层次上，以揭示在不同层次上普遍存在的某些关系。笔者认为，相对名称实际上是一种隐喻结构，用相对名称描述的对象是本体（比如本文中的共生功能体），喻体是相对名称在通常情况下的指称对象（比如通常情况下的多细胞有机体，或通常意义下由多种不同宏观生物构成的生态群落，等等）。人们通过与喻体的类比，强调或阐释本体的某些特定属性，但不要求本体必须具备喻体的所有属性，也不排除其具备不同于喻体的属性。

对于各种生物实体的表征，应当在前提上先明确是使用相对名称还是绝对名称。比如，马古利斯等人将功能体共生系统、非功能体共生系统乃至整个生态圈的不同组织层次上的单元都视为有机体，这种描述比较适合被理解为相对名称，如果被理解为绝对名称，则会抹杀了生物组织在不同层次上的实质区别。反之，普拉蒂乌根据"免疫连续性"来定义的有机体概念，在很大程度上依赖对多细胞有机体免疫系统具体功能的理解，应当被理解为基于具体组织层次的绝对名称，而不是相对名称。

吉尔伯特和奥马利提倡生态学视角，主要意图并不是要对研究对象的界定做出非黑即白的判断，而是给出一种启发性的框架，强调和解释被研究对象内某些与通常意义上的"生态群落"相类似的属性（比如组分的异质性），同时并不排除存在其他与通常的"有机体"类似的属性。因此，这类语境中的"生态群落"，被理解为相对名称比较恰当。与此不同的是，布沙尔将共生功能体描述为生态群落，是为了强调流动、短暂的内部关系，这显然不同于通常有机体内部组分之间的关系，该意义上的生态群落表征与有机体表征在一定程度上互斥，因此被理解为绝对名称比较恰当。值得注意的是，如果要使用绝对名称，必须先仔细分析被表征对象的组织层次，对照一套具体的、公认的关于生物组织层级的理论框架，在每个层次上"对号入座"，对内部组织结构比较复杂的共生功能体更需如此。然而在前述研究中，这方面工作基本被忽略了。

四、基于生物组织层级结构的分析

接下来，笔者将组成"功能体共生"和"非功能体共生"这两类共生关系的双方成员放在一套共同的生物组织层级结构框架中分析，检查双方在每个层次上的相互关系，在此基础上从免疫学、发育学、生理学等角度分析两类共生关系在形成和维持机制上的差异，从而从绝对名称的视角做出合理的表征。学界争议最多的夏威夷四盘耳乌贼和费氏弧菌所构成的共生功能体，将是分析的实例和出发点。

从寄主的层级结构出发，不难区分出四个层次：处于最底层的是寄主细胞，因为共生菌细胞与前者大小相仿，所以也应被归结到该层次。在这一层次上，共生菌与寄主体细胞存在着信号识别、发育诱导等相互作用，一个单独的共生菌不可能和整个寄主发生作用，只能和周围的若干寄主体细胞相互作用。再往上是器官的层次，共生菌群体在这个层次上产生了功能的涌现，可被视为一个功能模块，与寄主的发光器官一起，构成了一个功能完整的器官，并与寄主其他部分有机结合，构成了一个共生功能体。我们将共生功能体视为第三个层次——有机体层次上的单元。再往上，则是群体层次或群组层次，即多个共生功能体构成的群组或群体。由上述分析可知，事实上我们只能在细胞层次上谈论"一群共生菌"，而在器官层次上，这个共生菌群体应被视为整个共生功能体的一个器官的一部分，同时细菌群体的繁殖可被视为该发光器官的发育过程的一部分，也就是该共生功能体的发育过程的一个环节。

夏威夷四盘耳乌贼栖息的海水中存在多种不同的细菌，但最终只有费氏弧菌能在其发光器官中定殖，这主要归功于寄主机体对外来微生物的识别与筛选。生物学家维希克（K. L. Visick）等人设计了一组实验，展现了共生双方在细胞和基因层次上这种特殊的相互作用。lux基因被认为与乌贼体内共生菌的发光有关，他们构造了三种lux基因变异的费氏弧菌变异株$luxA$、$luxI$、$luxR$，$luxA$在合成荧光酶功能上有缺陷，$luxI$和$luxR$在合成其他调节蛋白功能上有缺陷，科学家们检测其各自发光能力以及在夏威夷四盘耳乌贼体内定殖的能力，实验结果如下：[21], pp.4580–4582

（1）三株变异株都在发光能力上存在缺陷；

（2）每株变异株在夏威夷四盘耳乌贼体内定殖的能力都明显变弱，无法在其中长期持存，假如同时植入野生株（即正常发光的费氏弧菌），后者会很快将前者淘汰；

（3）三株变异株都无法诱导夏威夷四盘耳乌贼发光器官上皮细胞的形态变化（细胞膨胀）。

结果1在科学家意料之中，结果2和3是出乎意料的。化学荧光过程会消耗费氏弧菌细胞新陈代谢所需的20%的氧，[22]所以不发光或发光能力弱的变异株在和野生株的竞争上应该具有明显优势才对，然而实验结果2显示变异株被淘汰了，被选择的仍是正常发光的野生株。结果3则显示不能正常发光的变异株同时也无法诱导寄主相关器官的发育，这种诱导属于吉尔伯特所说的寄主和共生菌"共发育"的一个环节。每一个自然选择过程，都对应着一个特定的自然选择环境。科学家们通过描述特定的选择环境来解释上述现象：能正常发光的菌株可以快速降低周围的氧浓度，缺氧使紧挨着细菌的寄主发光器官的上皮细胞肿胀，并产生胞吐现象（细胞内的细胞质被释放到细胞外环境中）。这样通过创造缺氧环境，能发光的费氏弧菌细胞可消除寄主产生的活性氧的胁迫，并获得寄主细胞释放的营养物质。缺乏发光能力的变种无法通过荧光酶参与的氧化反应而消耗氧，于是暴露在较高浓度的活性氧胁迫中。[21], pp.4584-4585 也就是说，寄主发光器官上皮细胞的结构以及寄主产生的活性氧与共生细菌的生理性状形成了紧密的因果关联，从而对共生细菌产生了高强度选择压力。只有那些忠实地通过氧化作用发光的细菌才可以在这个特殊的高选择压环境中存留下来并繁殖。

综上所述，共生功能体内部组分的相互关系是多重的，包括寄主与共生细菌之间功能的相互依赖和特定的发育诱导作用（"共发育"），以及免疫系统的特定识别作用，这些形成了复杂的因果作用网络，构成细胞及分子水平上的负反馈机制。任何偏离正常共生关系的变化，包括共生菌偏离共生关系的变异、外来微生物的入侵等，都会通过负反馈作用被即时消除或减弱，使得这个系统整体具有高度的特异性和稳定性，这和通常意义上动植物有机体内部组分的相互作用很相似。一个共生功能体内部组分的相互关系是稳定、牢固、特异的，并不似布沙尔所说的是"流动、短暂"的生态关系。如果从绝对名称的视角将共生功能体视为一个生态群落，显然是不合理的，因为通常情况下生态群落内部并不存在上述细胞及分子水平上严密、牢固的负反馈机制。

我们再来分析非功能体共生关系，比如清洁鱼和顾客鱼的共生，共生双方都处在有机体层次上，只存在有机体之间的相互作用，而不存在细胞之间的相互作用，比如清洁鱼的细胞一般情况下不会与顾客鱼的免疫细胞发生免疫反应，所以这类共生群落并不符合有机体的"免疫连续性"判据。据科学家们观察，这类共生群落内部也具有某些负反馈机制，对共生关系中偶尔的背叛行为进行纠正和惩罚。比如，本来应该帮顾客鱼吃掉体外寄生虫的雌性清洁工鱼，突然咬掉顾客鱼的一块黏膜，在这种情况下，雄性清洁鱼会追逐惩罚犯错误的雌鱼。[23]围绕负反馈过程的施受者、所在层次、作用机制、强度、作用结果等要素，将这种惩罚机制与前述乌贼和发光细菌之间的负反馈机制进行对比，如表1所示：

表1　两类负反馈行为的对比

负反馈的特点	乌贼与体内共生菌的负反馈关系	清洁鱼和顾客鱼的负反馈关系
施受双方	施加惩罚的是寄主，受到惩罚的是不发光的共生菌	施加惩罚的是雄鱼，受到惩罚的是犯错的雌鱼，它们都是共生一方（清洁工鱼群体）的两个个体，而顾客鱼没有参与惩罚犯错的清洁鱼
所在层次	负反馈发生在个体内部，是寄主细胞与共生菌细胞之间的相互作用	负反馈发生在共生群落内部，是不同个体之间的相互作用
实现机制	负反馈通过寄主共生器官内部的生物化学过程而实现	负反馈通过雄鱼的感觉器官和针对雌鱼的动作行为而实现
稳定性	作为负反馈实现基础的生物化学环境在寄主内部一直存在，使得负反馈机制紧密而持续存在	假如雄性清洁鱼不在场或者没有发现雌鱼的犯错行为，那么犯错的雌鱼就可能不受惩罚，这说明该负反馈机制是松散的
作用结果	不发光的共生菌无法在寄主内部定殖而立刻被驱离共生关系	犯错的清洁工鱼会受惩罚，但不会被驱离共生关系

五、结语

综上所述，本文研究结论可归结为以下三点：

第一，实际上不存在单一内涵的"生物共生"。生物共生包含了两类大相径庭的关系：功能体共生和非功能体共生。

第二，从学界对共生复合体的不同表征中，可区分出两类不同视角：一类是使用相对名称，是基于抽象的"无等级层级"框架；另一类是使用绝对名称，是基于具体的生物组织层级框架。由此可推知，对于复杂生物实体的表征，必须先明确是基于上述何种视角。如果是使用绝对名称的表征，应先将被表征对象与公认的、具体的生物组织层级结构在各个层次上"对号入座"，以避免出现后续概念和理论上的混乱。

第三，从绝对名称的视角，对两类共生复合体的层级结构进行分析的结论是：功能体共生形成的生物实体应被视为有机体，非功能体共生形成的生物实体应被视为生态群落。

因篇幅所限，本文只集中讨论共生关系的共时性问题，这一讨论将为后续的历时性问题分析打下基础。在功能体共生中，既然共生双方在大部分生命周期中紧密关联在一起，形成一个整合的"有机体"，那么是否可将这个单元视为自然选择的单位？功能体共生和非功能体共生在进化中分别扮演了什么角色？这些是值得进一步研究的问题。

参考文献

[1] Smith, D. C. 'Foreword' [A]. Margulis, L., Fester, R.(Eds.) *Symbiosis as a Source of Evolutionary Innovation: Speciation and Morphogenesis* [C]. Cambridge: MIT Press, 1991, ix−x.

[2] Sagan, L. 'On the Origin of Mitosing Cells' [J]. *Journal of Theoretical Biology*, 1967, 14 (3): 255−274.

[3] Margulis, L. 'Symbiogenesis and Symbioticism' [A], Margulis, L., Fester, R.(Eds.) *Symbiosis as a Source of Evolutionary Innovation: Speciation and Morphogenesis* [C], Cambridge: MIT Press, 1991, 3−14.

[4] Sapp, J. *Evolution by Association: a History of Symbiosis* [M]. New York: Oxford University Press, 1994.

[5] Sterelny, K. 'Symbiosis, Evolvability and Modularity' [A]. Schlosser, G., Wagner, G.(Eds.) *Modularity in Development and Evolution* [C]. Chicago: University of Chicago Press, 2004, 490−514.

[6] Bouchard, F. 'Symbiosis, Lateral Function Transfer and the (many) Sapling of Life' [J]. *Biology and Philosophy*, 2010, 25 (4): 623−641.

[7] Zilber-Rosenberg, I., Rosenberg, E. 'Role of Microorganisms in the Evolution of Animals and Plants: the

Hologenome Theory of Evolution' [J]. *FEMS Microbiology Reviews*, 2008, 32 (5): 723−735.

[8] Dawkins, R. *The Selfish Gene* [M]. Oxford: Oxford University Press, 1996.

[9] Margulis, L. *Symbiotic Planet: a New Look at Evolution* [M]. New York: Basic Books, 1999.

[10] Margulis, L., Sagan, D. *Slanted Truths: Essays on Gaia, Symbiosis, and Evolution* [M]. Göttingen: Copernicus, 1997.

[11] Sonea, S., Panisset, M. *A New Bacteriology* [M]. Boston: Jones & Bartlett, 1983.

[12] Godfrey-Smith, P. 'Darwinian Individuals' [A]. Bouchard, F., Huneman, P. (Eds.) *From Groups to Individuals* [C], Cambridge: MIT Press, 2013, 17−36.

[13] Wilson, J. *Biological Individuality* [M]. Cambridge: Cambridge University Press, 1999.

[14] Skillings, D. 'Holobionts and the Ecology of Organisms: Multi-species Communities or Integrated Individuals?' [J]. *Biology and Philosophy*, 2016, 31 (6): 875−892.

[15] Clarke, E. 'The Problem of Biological Individuality' [J]. *Biological Theory*, 2010, 5 (4): 312−325.

[16] Queller, D. C., Strassman, J. E. 'Beyond Society: the Evolution of Organismality' [J]. *Philosophical Transactions of the Royal Society of London. B*, 2009, 364 (1533): 3143−3145.

[17] Pradeu, T. *The Limits of the Self* [M]. Oxford: Oxford University Press, 2012.

[18] Gilbert, S. F., Epel, D. *Ecological Developmental Biology: Integrating Epigenetics, Medicine and Evolution* [M]. Sunderland: Sinauer Associates, 2009.

[19] O'Malley, M. A. *Philosophy of Microbiology* [M]. Cambridge: Cambridge University Press, 2014.

[20] Okasha, S. 'Biological Ontology and Hierarchal Organization: A Defense of Rank Freedom' [A]. Calcott, B., Sterelny, K. (Eds.) *The Major Transitions in Evolution Revisited* [C]. Cambridge: MIT Press, 2011, 53−63.

[21] Visck, K. L., et al. '*Vibrio fischeri lux* Genes Play an Important Role in Colonization and Development of the Host Light Organ' [J]. *Journal of Bacteriology*, 2000, 182 (16): 4578−4586.

[22] Makemson, J. C. 'Luciferase-dependent Oxygen Consumption by Bioluminescent Vibrios' [J]. *Journal of Bacteriology*, 1986, 165 (2): 461−466.

[23] Raihani, N. J.'Punishers Benefit from Third-party Punishment in Fish' [J]. *Science*, 2010, 327 (5962): 171−171.

自然类是稳定属性簇吗？

陈明益

自克里普克和普特南在1970年代提出自然类的本质主义解释以来，关于什么是自然类的形而上学问题一直吸引着哲学家们的关注。由于自然类本质主义应用于生物分类实践的严重困挫，各种非本质主义的解释理论相继产生。面对不同理论关于自然类观念的争论，哈金（Ian Hacking）曾主张自然类的取消主义，认为根本不存在自然类。[1]尽管如此，最近几年关于自然类的替代解释仍不断涌现，其中斯拉特尔（M. Slater）在修正自我平衡属性簇理论（Homeostatic Property Cluster, HPC）基础上提出的稳定属性簇理论（Stable Property Cluster, SPC）影响最大。[2] SPC理论试图更好地容纳传统的本质类、HPC类、历史类等各种类型的自然类，以成为自然类的一种具有更大统一性的基本解释理论。然而，SPC理论能够提供一种更好的替代解释吗？自然类的传统本质主义真的与生物进化论无法相容吗？

一、自然类本质主义与HPC理论

尽管自然类本质主义可以追溯到亚里士多德，其主要形式还是由克里普克和普特南提出的自然类语词的意义理论所奠基。按照克里普克—普特南的理论框架，自然类本质主义的基本形式可以表达为："至少存在一些真实的、独立于心灵的自然类是被它们的本质属性所定义的"。[3]自然类的本质是一种内在属性，它出现在类的所有成员当中，并在解释类的成员的典型属性过程中发挥关键作用。自然类本质主义支持自然类的实在论，即自然类反映了独立于心灵的实在中的自然划分。由于自然界预先被划分为不同的类或物种，所以我们最好的科学理论应该符合自然界的真实划分（carve nature at its joints）。但是，自然类本质主义的致命困难是它不能解释典型的生物类（例如生物物种），也无法适应生物分类的实际情形。[4]

在自然类本质主义的各种替代理论中，波依德（R. Boyd）等人提出的HPC理论最受欢迎。[5]HPC理论定义了一种更灵活的自然类，即自我平衡属性簇类。按照波依德的观点，自然类的定义不是通过任何一组充分必要条件而是通过属性的"自我平衡"维持的簇集来提供的。[5, 141]HPC类包含属性簇和自我平衡机制两个要素，由于潜在的自我平衡机制，一些属性会共同出现。在波依德看来，至少一些自然类可以通过属性的簇集以及导致这种簇集的自我平衡机制来描述。对于HPC理论来说，维持属性簇稳定性的自我平衡机制类似于自然类的"本质"。由于属性簇的属性集合与自我平衡机制的因果要素集合都是开放的，HPC理论不要求本质属性是内在的或者对于自然类的成员身份是充分必要的，因而能更好地解释生物类，例如物种可以是HPC类。

根据自然类的本质主义和HPC理论，"本质"或"因果自我平衡机制"可以解释自然类对于科学研究的重要认知功能，即支持归纳推理。换句话说，自然类的认知价值取决于某种基础（ground）的存在，如本质、机制或世界的因果结构特征，正是这种基础将一个类的属性联结在一起，这个观点也被称作奠基主张（the grounding claim）。正如科恩布利斯（H. Kornblith）所言，只有当自然界中有某种东西将我们用来识别类的属性联结在一起，归纳推理才会有效。[6]简言之，类的可投射性在于描述类的属性是稳定的，这种稳定性通过本质或因果自我平衡机制来维持。按照自然类本质主义，作为微观结构属性的本质将与自然类相联系的属性联结在一起，"本质"不仅对于定义自然类是充分必要的，而且能够支持科学研究，即我们可以对自然类做出合适的理论概括，自然类语词是归纳上可投射的。HPC理论则认为不是本质而是因果自我平衡机制发挥这种作用。在波依德看来，自然类理论是关于分类模式如何有助于可投射假设的形成和识别，而自然类的自然性就在于其适合归纳和说明。[5], p.147 科学家能够对自然现象做出真正的概括，正是因为指称自然类使他们能将其归纳实践适应于维持这些概括的因果结构。

二、自然类的稳定属性簇解释

在斯拉特尔看来，虽然HPC理论将本质替换为因果自我平衡机制使HPC类具有更大的灵活性，并能适应我们的归纳实践，但是因果自我平衡机制对于自然类的认知作用（即支持簇类的可投射性的稳定簇集）既不是充分的也不是必要的。[2]首先，"因果自我平衡机制"和"世界的因果结构"这两个概念本身还需要进一步澄清。其次，即使HPC理论能提供因果机制的某种合理解释，它能否发挥奠基和个体化的作用仍然值得怀疑。卡拉维尔（C. F. Craver）就认为HPC理论对因果机制的解释不能为类的客观划分提供基础，因为我们不清楚两个属性簇是否是同类机制的表达，也无法区分一个机制在哪里开始而另一个机制在哪里结束，选择哪一种因果机制来分类实际上包含人的约定。[7]再次，作为HPC解释的核心，因果机制的个体化很容易出现倒退。既然属性簇集成一个类是通过一种机制来解释，这些机制在什么时候是相同种类的机制？如果当它们被某种机制所解释时才是同类机制，就会出现倒退。最后，科学上的许多重要范畴，如基本粒子、化学物类（chemical species），都与属性簇相联系，但它们的稳定性不是通过因果自我平衡机制来维持的。同样，HPC理论将物种视为自我平衡属性簇，即许多自我平衡机制（如种群间基因交换、生殖隔离、共同选择等）所导致的有机体特征的结果。但是，物种属性簇的稳定性不一定要通过假定因果自我平衡机制来解释，它也可借助种系惯性（phylogenetic inertia）（即缺乏机制）来描述。在细胞类的HPC解释中，还可能由于机制倍增导致类的过度增加。[8]因此，要求某种潜在机制有些过分，我们也不清楚为什么缺少这样的机制会损害类的可靠性。

既然机制的存在对于成为自然类不是充分必要的，那么就可以怀疑在自然类的任何解释中假定基础存在的必要性，例如本质、机制或其他东西。按照斯拉特尔的观点，我们没有必要认为自然类提供了归纳的保证，因而在归纳推理中必不可少，相反，我们应该关心类必须有什么样的特征才适合于归纳推理。斯拉特尔将这种特征称作自然类性（natural kindness），在此基础上他提出一种新的自然类替代解释理论，即稳定属性簇（SPC）。[2], p.377 SPC理论可以避免HPC理论诉诸自我平衡机制所带来的问题，例如机制如何个体化，以及决定这些机制何时算是自我平衡的，因为它仅专注一簇属性占有的特殊稳定性——由于这种稳定性，属性簇适合于归纳和说明——而不是关注导致这种稳定性的某种东西。所以，与HPC类相比，SPC类与松散的属性簇相联系，它仅要求这些属性足够稳定地共同例示以适应特殊科学。简言之，SPC理论放弃了因果自我平衡机制的要求，以支持属性簇的一种灵活的稳定性观念。从机制转换到稳定性强调三个重要目标：（1）SPC解释通过属性簇为相关科学目的所拥有的充分稳定性避开了机制在HPC解释中的作用等问题，因为属性簇的稳定性不是由任何机制维持，并且与属性簇相联系的范畴能够支持我们的认知实践；（2）它能达到中立，因为稳定性可以独立于其特殊实现者及其分析；（3）它代表一种更基本的自然类解释，能够涵盖传统本质类、历史本质类和HPC类，也就是说，有助于一个类的归纳和说明效用的稳定性是多重实现的。[2], p.396

按照SPC解释，自然类是"小集团稳定"（cliquishly stable）的属性簇。也就是说，一簇属性一起被例示，很难分开，具有小集团性（cliquishness）。例如，张三、李四、王五、赵六、田七几人形成一个小集团，如果我们在购物中心看到张三、李四和王五，那么这意味着赵六和田七也在那里。换言之，当一些属性出现时，我们可以推测其他属性也一定会跟着出现。根据斯拉特尔的观点，小集团稳定性意指定义属性簇的亚簇（sub-cluster）出现很可能意味着簇中其他属性也会出现。[2], p.398 为了说明这一点，斯拉特尔给小集团稳定性增加一个坚固性（robustness）条件，即属性的亚簇中的概率蕴涵（probabilistic entailment）必须保留一些相关的反事实集合，哪些反事实是相关的，由语境或研究域（domain of inquiry）来决定，并依赖于这个领域的兴趣和规范。因此，自然类性是领域相对的（domain-relative），并且自然类不是一个本体论范畴。自然类性是事物可以拥有的一种地位（status），这种地位允许它方便我们与世界的认知联系，还可以允许科学家将某个属性簇识别为某个研究领域内一系列不同操纵下的一个固定点，然后这个领域的科学家可以依靠不同操纵情形中出现的属性簇。既然一些属性簇只是相对特殊的研究领域来说是自然类，所以SPC类在某种意义上也是领域相对的。通过对HPC理论的修正，SPC理论提供了自然类的一种更基本、更灵活的解释，并且它能够适应自然类现象的多样性。

三、稳定属性簇理论的困难

自然类的SPC理论避开了什么构成自然类属性的基础的形而上学争论，但是它仍然存在诸多困难。首先，SPC理论并没有成功地说明属性簇相对于基础的独立性，这意味着它在解释自然类和科学认知实践的过程中不可能真正放弃"基础"的作用。玛提尼兹（E. J. Martinez）借助医学中的两个案例详细地指出这一点。[9]一是关于肺癌的识别和治疗。1980年代，科学家发现非小细胞性肺癌（NSCLC）与表皮生长因子受体基因（EGFR）的不断增加有关，因而将以EGFR为靶向的治疗当作NSCLC标准疗法的替代方案。进一步临床研究表明，只有一些NSCLC病人对靶向治疗产生反应，他们拥有突变成EGFR的基因，经过靶向治疗后拥有比标准疗法更大的存活率。按照SPC理论，EGFR治疗反应与识别NSCLC的属性簇密切相关。但是，它忽视了NSCLC的属性簇与其基础之间的关系，即NSCLC与EGFR突变之间的因果联系，因为EGFR突变的存在可以解释NSCLC症状的出现。要决定NSCLC属性簇在相关反事实中是否稳定就必须寻找EGFR突变的存在，所以SPC理论仍然需要一种基础来解释不同属性簇的稳定性。另一个例子是关于流感病毒的研究。科学家在1930年代识别出流感病毒引起的一些症状：无精打采、食欲下降、肌肉无力、打喷嚏、流鼻涕和鼻塞等。虽然科学家挑选出流感的症状组合，但是流感的每个实例并没有显示出每种症状。SPC理论可以很好地解释流感的识别方式，因为识别流感病毒的属性簇跨越了许多反事实，且都是稳定的。但是现在我们知道有许多不同病毒都可以导致上述症状，并且这些病毒会随时间而变化，所以将不同病毒当成相同的类在认知和医学上都是不负责任的。现代医学区分了A、B、C三种不同类型的病毒，引起的流感都保留了最初用来识别和定义它们的症状，即其属性簇可随着时间和许多相关的反事实而留存。但是，仅仅依靠用来识别流感的最初的属性簇的稳定性，会使科学家在认知和实践上犯错并引发严重后果。SPC理论仍然必须通过识别病毒的稳定属性簇的基础来解释病毒的分类。也就是说，科学家需要追踪流感病毒潜在的复杂因果结构，而非仅仅描述属性簇。尽管这种基础可随时间而改变，但它依然是必要的，并对解释这个领域成功的科学认知实践十分关键。因此，一个属性簇的稳定性与维持属性簇的基础并不像SPC理论所说的那样独立。

其次，SPC理论所假定的自然类的实在性与其所展现的反实在论相违背。SPC理论允许一个领域的兴趣、规范或特殊研究计划影响某个范畴是否算作自然类，这暗含某种程度的实用主义。自然类的实在论者会认为，一个自然类理论应该告诉我们世界中的客观划分，这种客观划分先于我们的分类活动而存在，否则我们不能说明一些理论在分解自然方面比其他理论做得更好，也不能说明某些分类模式是错的。斯拉特尔认为，自然类与一个领域的规范或兴趣相关，并不意味着我们可以任意定义自然界的关节点（nature's joints），但是自然类也不会先于我们的分类活动而存在。由此看来，SPC理论不是关于自然类的实在论解释，却又保存了分类的实在论直觉，即我们的分类系统在某种意义上会犯错，我们可以通过更好的方式划分事物，最好的分类模式应该有助于我们的归纳和说明。无论如何，SPC理论展现出明显的反实在论特征，一些类的语境和学科相对性意味着自然类不是一种本体论范畴，也不能还原为其他本体论范畴（如共相）。根据SPC理论，我们不需要提供自然类的某种形而上学解释，而是提供一种自然类性的解释，即事物能够拥有的一种地位，可以支撑或加强它们在我们的归纳推理实践中的作用。尽管为了方便我们对世界的认知，SPC类可以被视为世界的真正特征，即在相关领域它们是世界的真正特征，但它们如何与自然类的相对性保持一致？毕竟，坚持自然类的实在论更能辩护归纳推理。SPC理论所强调的自然类的领域和语境相对性，源于它将自然类与实践紧密相连。然而，自然类的科学实践转向很明显是对传统自然类实在论的拒斥，因为它从关注类本身的形而上学转向关注类形成（kinding）的科学实践活动，类的自然性被定位于科学家而非世界。[10]

最后，虽然SPC理论提供了自然类性的一种包容性的形而上学框架，既维持了属性簇集又避免了自我平衡机制的形而上学假定，但是它仍然难以成为自然类的一种更基本的替代解释。如果自然类是稳定属性簇，那么事物构成一个自然类，需要多少属性簇集在一起？不仅如此，按照SPC，某些领域的规范和目的要求不同层次的簇内聚性（cohesiveness），即不同学科所要求的簇集可能有不同程度的灵活性。例如，定义电子或夸克等物理类的属性簇可能是完全成簇的类，而生物分类单元等属性簇则是松散的簇类。但如果簇类是领域相对的，那么概率蕴涵关系如何理解，某个亚簇的例示如何可能表示整个簇的例示？如果一些类是领域相对的，那么基于各自的目的、兴趣和规范，各个不同研究领域事实上承认互不相同的类。路德维希（D. Ludwig）通过考察人种生物学（ethnobiology）的多样化分类实践揭示出自然类的SPC理论的局限性。[11]他区分了七种类：（1）特殊目的类（special purpose kinds）；（2）基本目的类（general purpose kinds）；（3）独立于心灵的趋同类（mind-independent convergent kinds）；（4）认知依赖的趋同类（cognitiondependent convergent kinds）；（5）实 践 依 赖 的 类（practice-dependent kinds）；（6）环境依赖的分散类（environment-dependent divergent kinds）；（7）生物社会类（biosocial kinds）。在路德维希看来，SPC理论允许从一个亚属性簇到另一个亚属性簇的概率推理，这虽然有助于我们理解人种生物学中的许多类，但是它可能无法解释一些特殊目的类和认知依赖类。特殊目的类依赖于与人类的使用相关的属性，如可食用的或有毒的，而认知依赖类是由于生物学属性与认知机制之间的相互作用而跨越不同文化产生出来，是有机体经验上可发现的属性与独特的人类认知机制的共同创造物。基于此，他主张采取自然类的一种多维解释框架，以更灵活地适应多样化的分类实践，从而放弃一种基本的自然类解释目标。

四、一种进化的自然类本质主义

当代科学哲学家反对自然类本质主义的一个根本原因在于它与生物进化论不相容，这也是自然类的各种非本质主义解释理论兴起的出发点。自然类本质主义主要体现为亚里士多德式本质主义，因为克里普克—普特南的本质主义也被视作一种新亚里士多德主义。在生物学中，亚里士多德式本质主义包含三个要点：（1）本质是内在属性（而非外在属性或关系属性）的集合；（2）本质属性构成特殊形态学发育的生成机制（generative mechanisms）；（3）本质属性为有机体群体所共有，并解释所有有机体共同拥有的表现型特性，同时将有机体划分成物种或自然类。亚里士多德式本质主义蕴涵一种特殊的本体论承诺：世界的根本要素以及生物领域的最初解释性东西是稳定性或不变性，变化不是根本的，而是有机体本质不变的结果，需要通过有机体的不变本质来解释。正是这种本体论的优先性以及不变支配变化的主张使生物学本质主义遭到拒斥，因为它所承诺的自然状态模型与生物进化论相对立。进化论表明，变化才是原始的，是产生进化的原始材料，代表了自然界的根本实在性。大多数经验证据也表明，不存在为自然类的所有成员共有的、本体论上有特权的属性集合（如基因属性或其他本质属性）。也就是说，我们无法找到亚里士多德式本质主义所假定的不变性，即使存在自然类成员所共有的一组稳定不变的属性，它也不能发挥亚里士多德式本质主义所要求的那种作用，因为内在本质必须独立于外在环境发挥作用。因此，在当代生物学哲学中，亚里士多德式本质主义几乎遭到统一拒斥，进化论的出现使类本质成为一种过剩的本体论，生物世界不需要它，更不可能支持引用有机体的本质作为一种解释性原则。

那么亚里士多德式本质主义真的与生物进化论不相容吗？在瓦尔施（D. Walsh）看来，如果把有机体的本性看作由某种特殊的目标指向的倾向（goal-directed disposition）构成，那么这种本质主义对于进化生物学是不可或缺的，并且进化发育生物学（evolutionary developmental biology）提供了强有力的证据，表明有机体的本性仍然发挥解释性作用，这与亚里士多德式本质主义可以相适应。[12]奥斯丁（C. J. Austin）也认为，批评自然状态模型不一定要放弃亚里士多德式本质主义，如果我们对亚里士多德式本质主义做出改进，它就可以与进化论相容。这种改进具体表现在将亚里士多德式本质主义所假定的本质理解为由倾向属性（dispositional properties）组成的，并在当代进化发育生物学的框架内来解释它。[13]倾向属性是一种因果属性，它发挥本体论转换的功能，在因果上协调某些激活条件的影响以产生特殊事态。它可以通过单个物质要素来实现，也可通过一个完整体系或相互作用要素的复杂网络来实现。如果接受合适条件使得网络开启其节点中的连续相互作用，并导致其产生一种特殊的目的状态，那么要素的复合体就实现了一种倾向属性，例如易碎性（fragility）就是一种典型的倾向性。倾向属性也可视作一组输入值（某些可确定的刺激条件的确定实例）与一组输出值（某些可确定的显示状态的确定实例）之间的功能关系。在亚里士多德式本质主义框架内，有机体根据共享的因果属性集合在本体论上被划分为自然类，它产生并塑造其形态学发育，这种因果属性可以理解为倾向属性，并且与当代进化发育生物学相一致。按照进化发育生物学的解释，形态学变化来自不变的功能因果机制，并且有机体中可能存在离散的属性可以发挥特殊的表现型特性的生成机制功能。这种离散属性即发育的模块性（modularity of development），不同发育模块类似于高度内在整合的基因管控网络（genetic regulatory networks），每个模块都对有机体的特殊形态学结构的具体发育负责。从亚里士多德式本质主义的观点看，进化模块就是倾向属性，这些模块发挥本体论转换的功能，因果上协调某些激活条件的影响来产生特殊事态：给定合适的刺激条件，发育模块可靠并重复地产生特殊的目的状态。不仅如此，根据进化发育生物学，有机体群体所共享的发育模块集合可以在本体论上解释其广泛的形态学变化，两个不同的有机体群体中的特殊形态结构的变化也可以通过一个共享的发育模块得到因果解释，这些模块发挥稳定性单元的功能。换言之，这些共享的发育模块不仅对不同有机体集合中的特殊形态结构的发育负责，也对那个结构上的变化负责。因此，在物种种群内存在共享的、离散的发育要素，它们内在地在因果上对某个一般化的形态结构的具体发育负责，同时在因果上控制那种结构的各种特殊形式的产生。也就是说，发育模块代表一种本体论的稳定性或不变性，它为亚里士多德意义上派生的或偶然的有机体变化的可能性提供了基础[13]。

通过对传统本质做出倾向性解读并将其纳入进化发育生物学的解释框架，一种进化的亚里士多德式本质主义就产生出来：（1）本质由一组表现型模块倾向（phenomodulatory dispositions）即发育模块组成；（2）它发挥特殊的形态学发育的生成模块（generative modules）功能；（3）它被有机体群体所分享，并将有机体描述为相同类的成员。[13]显然，这种进化的亚里士多德式本质主义可以对应一种进化的自然类本质主义。具体说，自然类的本质是由一组表现型模块倾向构成的，它是在个体上对特殊结构类型的表现型特征的形态发育负责的属性。从这种意义上看，自然类的本质应该从传统的强本质转变为一种倾向性的弱本质。[14]实际上，这种进化的自然类本质主义也可以通过动力学系统理论来很好地刻画。[15]加格尔（J. Jaeger）与芒克（N. Monk）等人论证过动力学系统理论如何为生物调控系统（biological regulatory systems）的进化提供一种统一的概念框架。[16]在动力学系统理论的语境中，与发育模块相联系的形态学结构经常被描述为吸引子状态，它塑造一个有机体的外成图景（epigenetic landscape）的"域"（valleys），导致许多不同的发育通道产生相同的目的状态。因此，借助动力学系统理论的概念框架，自然类的本质属性是通过高阶的外成图景来描述的，它的拓扑波峰和波谷（topological peaks and troughs）代表朝向那些属性所负责的形态结构的各种可能的特殊化目的状态的发育通道。自然类的本质由此发挥某种类型的动态结构的功能，在因果上支持与有机体集合相联系的"静态的"形态学特征。也就是说，它的作用是建立一种有机体范围的形态空间，塑造并约束其结构发育的各种可能路线。既然本质在本体论上存在于倾向性（dispositionality），所以亚里士多德式的自然状态仅仅是一种动态可塑的、一般化的形态发育模板，而成为一个自然类，就是成为一组特殊的模式化的发育分支的形态空间的一个例示。

参考文献

[1] Hacking, I. Natural Kinds: Rosy Dawn, Scholastic Twilight [J]. *Royal Institute of Philosophy Supplement*, 2007, 61: 203−239.

[2] Slater, M. H. 'Natural Kindness' [J]. *British Journal for the Philosophy of Science*, 2015, 66: 375−411.

[3] Tahko, T. E. 'Natural Kind Essentialism Revisited' [J]. *Mind*, 2015, 124 (495): 795−822.

[4] 陈明益. 生物物种是自然类吗? [J]. 自然辩证法通讯，2016, 6 (226): 57−61.

[5] Boyd, R. 'Homeostasis, Species and Higher Taxa' [A]. Wilson, R. A. (Ed.) in *Species: New Interdisciplinary Essays* [C]. Cambridge: MIT Press, 1999, 141−186.

[6] Kornblith, H. *Inductive Inference and Its Natural Ground* [M]. Cambridge: MIT Press, 1993, 42.

[7] Craver, C. F. 'Mechanisms and natural kinds' [J]. *Philosophical Psychology*, 2009, 22 (5): 575−594.

[8] Slater, M. H. 'Cell Types as Natural Kinds' [J]. *Biological Theory*, 2013, 7: 170−179.

[9] Martinez, E. J. 'Stable Property Clusters and Their Grounds' [J]. *Philosophy of Science*, 2017, 84 (5): 944−955.

[10] Kendig, C. *Natural Kinds and Classification in Scientific Practice* [M]. London and New York: Routledge, 2016.

[11] Ludwig, D. 'Letting Go of "Natural Kind": Towards a Multidimensional Framework of Non-Arbitrary Classification' [J]. *Philosophy of Science*, 2018, 85 (1): 31−52.

[12] Walsh, D. Evolutionary Essentialism [J]. *British Journal for the Philosophy of Science*, 2006, 57: 425−448.

[13] Austin, C. J. 'Aristotelian Essentialism: Essence in the Age of Evolution' [J]. *Synthese*, 2017, 194: 2539−2556.

[14] 沈旭明. 自然种类本质的倾向性解读 [J]. 自然辩证法研究，2012, 2: 6−11.

[15] 陈明益. 自然类，物种与动力学系统 [J]. 自然辩证法研究，2016, 3: 100−104.

[16] Jaeger, J. and Monk, N. 'Bioattractors: Dynamical Systems Theory and the Evolution of Regulatory Process' [J]. *The Journal of Physiology*, 2014, 592 (11): 2267−2281.

索 引

作者简介

（按姓氏音序排列）

陈勃杭，清华大学科学技术与社会研究所硕士研究生，研究方向为生物学哲学。

陈明益，武汉理工大学政治与行政学院副教授，研究方向为科学哲学与分析哲学。

陈晓平，华南师范大学公共管理学院哲学研究所教授，研究方向为科学哲学、西方哲学和道德哲学。

董云峰，哲学博士，天津工业大学马克思主义学院讲师，研究方向为认知科学哲学、逻辑哲学。

范雪，新加坡国立大学博士，研究方向为中国现当代文学文化。

方卫，同济大学人文学院哲学系助理教授，研究方向为科学哲学、生物学哲学和形而上学。

桂起权，武汉大学哲学学院教授，研究方向为科学哲学。

李建会，北京师范大学哲学学院教授，主要研究方向为生物学哲学和认知科学哲学。

李胜辉，河南大学哲学与公共管理学院讲师，研究方向为生物学哲学、心灵哲学。

陆俏颖，中山大学哲学系专职副研究员，研究方向为科学哲学与生物学哲学。

任晓明，哲学博士，南开大学哲学院教授，研究方向为逻辑学、科学哲学。

双修海，东莞理工学院马克思主义学院教师，研究方向为心灵哲学与马克思主义理论。

王巍，清华大学科学技术与社会研究所教授，研究方向为科学哲学。

王子明，中国科学院大学人文学院博士生，研究方向为科学哲学与科学文化。

杨仕健，厦门大学哲学系副教授，研究方向为生物学哲学。

杨维恒，山西大学科学技术哲学研究中心副教授，研究方向为科学哲学。

张煌，国防科技大学国家安全与军事战略研究中心助理研究员，研究方向为科学哲学、科技伦理学。

张鑫，北京师范大学哲学学院博士研究生，主要研究方向为生物学哲学。